Σ BEST シグマベスト

高校 これでわかる

化学基礎

卜部吉庸 著

文英堂

基礎からわかる！
成績が上がるグラフィック参考書。

1 ワイドな紙面で，わかりやすさバツグン

2 わかりやすい図解と斬新レイアウト

3 イラストも満載，面白さ満杯

4 どの教科書にもしっかり対応
- ▶ 学習内容が細かく分割されているので，どこからでも能率的な学習ができる。
- ▶ テストに出やすいポイントがひと目でわかる。
- ▶ 方法と結果だけでなく，考え方まで示した重要実験。
- ▶ 図が大きくてくわしいから，図を見ただけでもよく理解できる。
- ▶ 化学の話題やクイズを扱ったホッとタイムで，学習の幅を広げ，楽しく学べる。

5 章末の定期テスト予想問題で試験対策も万全！

もくじ

1編 物質の構成

序章 化学と人間生活
1　人間生活の中の化学 …………………………… 6
2　化学とその役割 ………………………………… 8

1章 物質の成り立ち
1　混合物と純物質 ………………………………… 10
2　物質の成分元素 ………………………………… 12
3　粒子の熱運動と温度 …………………………… 16
4　物質の三態 ……………………………………… 18
重要実験　硫黄の同素体について調べる ………… 20
テスト直前チェック ………………………………… 21
定期テスト予想問題 ………………………………… 22

2章 物質の構成粒子
1　原子の構造 ……………………………………… 24
2　原子の電子配置 ………………………………… 26
3　元素の周期表 …………………………………… 28
4　イオン …………………………………………… 30
テスト直前チェック ………………………………… 34
定期テスト予想問題 ………………………………… 35
ホッとタイム　キミは計算派か直感派か―原子の大きさを考える …… 36

3章 化学結合

1. イオン結合 ……… 38
2. イオン結晶 ……… 40
3. 共有結合 ……… 42
4. 共有結合の結晶と配位結合 ……… 46
5. 分子の極性 ……… 48
6. 分子間力と水素結合 ……… 50
7. 金属結合と金属の特性 ……… 52
8. 金属の結晶構造 ……… 54
9. 結晶の種類と性質 ……… 56

- **重要実験** イオン結晶の融解と電気伝導性 ……… 57
- **重要実験** 錯イオンを含む水溶液をつくる ……… 58
- **テスト直前チェック** ……… 59
- **定期テスト予想問題** ……… 60
- **ホッとタイム** 電子レンジでどうして食品が温められるのか ……… 63
- **ホッとタイム** 分子の形はどのように決まるのか ……… 64

2編 物質の変化

1章 物質量と化学反応式

1. 原子量・分子量・式量 ……… 66
2. 物質量 ……… 68
3. 溶液の濃度 ……… 72
4. 化学反応式 ……… 74
5. 化学変化の量的関係 ……… 76
6. 化学の基本法則 ……… 80

- **重要実験** 気体の分子量を求める ……… 82
- **テスト直前チェック** ……… 83
- **定期テスト予想問題** ……… 84

2章 酸と塩基の反応

1. 酸と塩基 ……………………………………… 86
2. 酸・塩基の強弱 ……………………………… 88
3. 水素イオン濃度とpH ………………………… 90
4. 中和反応 ……………………………………… 94
5. 塩の性質 ……………………………………… 96
6. 中和滴定 ……………………………………… 98
- 重要実験　水溶液のpHの測定 ……………… 101
- 重要実験　中和滴定 ………………………… 102
- テスト直前チェック ………………………… 103
- 定期テスト予想問題 ………………………… 104

3章 酸化還元反応

1. 酸化・還元と酸化数 ………………………… 106
2. 酸化剤と還元剤 ……………………………… 108
3. 金属のイオン化傾向 ………………………… 112
4. 電池の原理 …………………………………… 114
5. いろいろな電池 ……………………………… 115
6. 電気分解 ……………………………………… 118
7. 電気分解の計算 ……………………………… 120
- 重要実験　酸化剤の酸化作用を調べる …… 122
- 重要実験　電池について調べる …………… 123
- 重要実験　希硫酸の電気分解 ……………… 124
- テスト直前チェック ………………………… 125
- 定期テスト予想問題 ………………………… 126
- ホッとタイム　試薬びんの中に隠した金メダルの話 …… 128
- ホッとタイム　すっぱくてもアルカリ性食品というわけ …… 129
- ホッとタイム　身近なところでも酸化還元反応は使われている …… 129

元素の周期表 …………………………………… 130
定期テスト予想問題　ホッとタイム　の解答 …… 132
さくいん ………………………………………… 142

1編 物質の構成

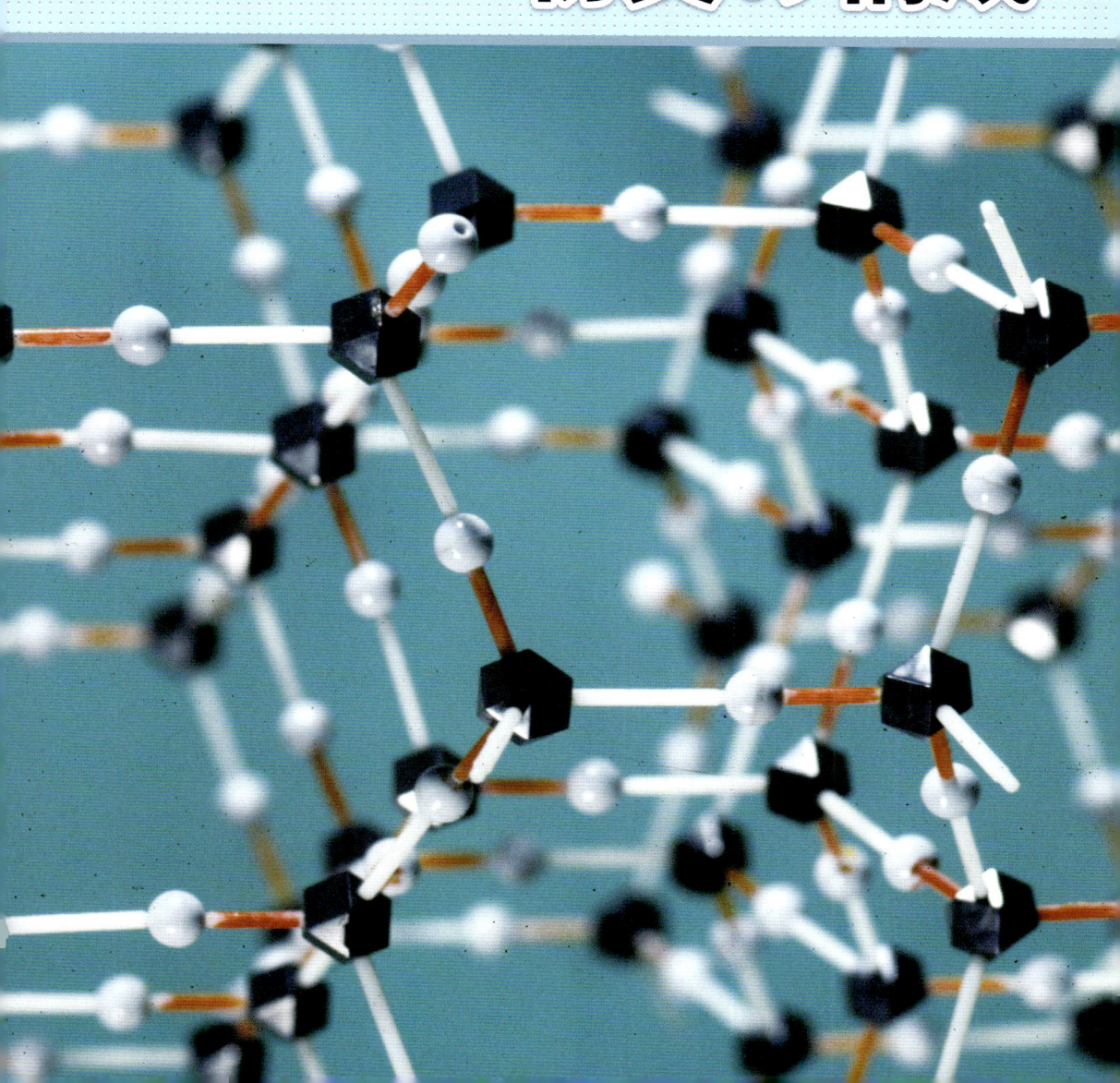

序章 化学と人間生活

1 人間生活の中の化学

1. 一定の形や大きさがあるものを**物体**といい、物体をつくっている材質を**物質**という。物質には一定の形や大きさはない。

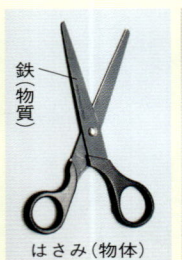

図1. 物体と物質

2. アリストテレスは、四元素の混合割合に応じてさまざまな性質をもつ物質ができると考えた。この考えは以後約2000年間にわたって人々の物質観を支配し続けた。

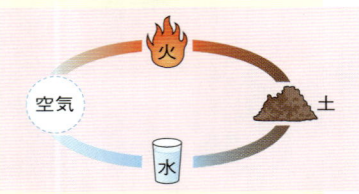

図2. アリストテレスの四元素説

3. この考え方は、実験をともなう科学的なものではなく、哲学的な考えにすぎなかった。

4. 錬金術師によって、蒸留装置、火薬、王水(→p.113)などがつくられた。

1 化学で何を学ぶのか

■ **物質の利用** 人間は、古くから多くの物質を利用してきた。例えば、火の利用により、粘土から**陶磁器**、砂と草木灰から**ガラス**、岩石から**金属**をとり出すことが可能となった。こうしてつくられた物質により、人々にはより豊かな生活がもたらされた。

■ **化学とは** **化学**は、自然現象の中に存在する原理や法則性を探究する**自然科学**の一分野で、**物質の構造や性質、および、物質の変化について探究する学問**である。

2 化学の歴史をたどると

■ **古代ギリシャ時代** 物質を構成する成分(元素)の概念が生まれ、アリストテレスは、万物のもとは**水・火・空気・土**だとする**四元素説**を唱えた。一方、デモクリトスは、物質は**原子**(アトモス)という微小な粒子からなると考えた。

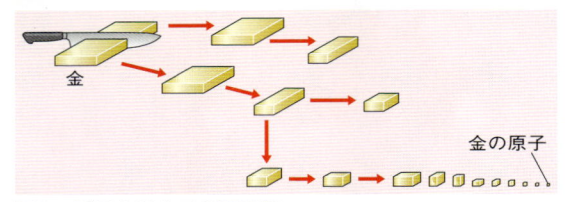

図3. デモクリトスの原子説

■ **錬金術の時代** 錬金術は、鉛や鉄などを金に変換しようとした技術のことである。18世紀初頭まで多くの人々によって試みられたが、実現しなかった。しかし、多くの物質に対する知識や操作・技術が集積されていった。

■ **近代化学の時代** 18世紀後半に、ラボアジエは実験によりそれ以上分解できない物質を**元素**と考え、約30種の元素を示した。その後、ドルトンの**原子説**(1803年)、アボガドロの**分子説**(1811年)が提唱され、現在に至っている。

3 文明は金属とともに

■ **金属の製錬** 人間が最初に利用した金属は，自然に産出した金や銀などであった。自然界では，多くの金属は酸素や硫黄と結びついた化合物の形で存在する。金属の化合物から金属の単体をとり出す操作を<u>金属の製錬</u>という。

金属の利用は，還元が難しい金属ほど遅れた。

■ **金属の利用** 銅鉱石を炭素と加熱する方法で銅の製錬が始まったのは，紀元前4000年以前で，その後，銅より硬く融点の低い<u>青銅</u>（銅とスズの合金）がつくられた。高温を必要とする鉄の製錬が始まったのは，紀元前1500年頃とされる。純粋な鉄は軟らかいので，炭素の含有量を調整し，硬くて強靭な<u>鋼</u>がつくられた。18世紀半ばの産業革命以降は，大量に鋼が生産されるようになった。現在，鉄に次いで多く生産されているアルミニウムの製錬が始まったのは，電気分解の技術が発達した19世紀後半である。

✿5. 金属の製錬では，金属の化合物（鉱石）から酸素や硫黄を除く変化（還元反応）が利用される。

✿6. 炭素による酸化銅の還元

酸化銅 ＋ 炭素 →（加熱／還元）→ 銅 ＋ 二酸化炭素

✿7. たたら製鉄（日本）のようす

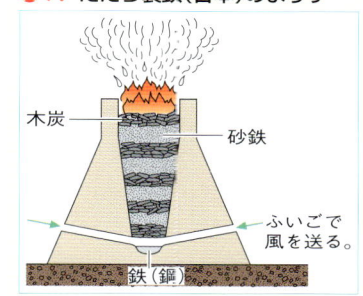

（木炭，砂鉄，ふいごで風を送る，鉄（鋼））

図4．金属の利用の変遷（金 → 青銅 → 鉄 → アルミニウム）

4 プラスチックの利用

■ **プラスチック** <u>プラスチック</u>は，20世紀以降，石油を原料としてつくられた有機物で，<u>合成樹脂</u>ともいう。密度が小さい，腐食しにくい，電気絶縁性に優れる，加工しやすいという特徴から，多方面に利用されている。

■ **リサイクル** プラスチックは，自然界では分解されにくく，大量の廃棄物により環境問題を引き起こしている。廃棄プラスチックの発生抑制（<u>リデュース</u>）や，製品の再使用（<u>リユース</u>）と再生利用（<u>リサイクル</u>）は，環境問題の解決だけでなく，石油資源の節約にもつながることから，積極的に推進することが求められている。

✿8. プラスチックには，熱を加えると軟らかくなる<u>熱可塑性樹脂</u>と，熱を加えても軟らかくならない<u>熱硬化性樹脂</u>がある。

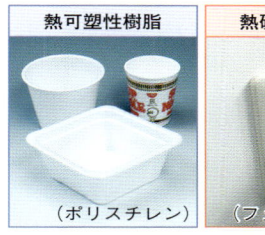

熱可塑性樹脂（ポリスチレン） ／ 熱硬化性樹脂（フェノール樹脂）

✿9. プラスチックは，原料となる小さな分子（単量体）を多数結びつける反応（重合）によってつくられる。

序章 化学と人間生活

2 化学とその役割

1 物質を利用する際には

■ **身近に利用されている物質** 私たちは数多くの物質を利用して生活しており，その化学的性質の恩恵を受けて暮らしている。例えば，食品の中に加えられている**食品添加物**のほかに，体などを清潔に保つための**洗剤**などがある。

これらの物質は，適正量を使用すれば高い有効性を発揮するが，使用量を誤ると健康や環境に悪影響を与える。

■ **食品添加物** 私たちが購入する食品の多くには，カビや細菌の繁殖を抑える**保存料**，色を整える**着色料**[1]，味を整える**調味料**，酸化を防止する**酸化防止剤**などが加えられている。現在，我が国では，安全性と有効性が確認されたものだけ，食品添加物としての使用を認められている。

例えば，多くの食品には，保存料としてソルビン酸カリウムが，酸化防止剤としてビタミンC（アスコルビン酸）[2]が，それぞれ加えられている。

■ **洗剤** 私たちの体や衣類などの汚れを落とす洗剤には，天然の油脂からつくられる**セッケン**と，石油を原料としてつくられる**合成洗剤**がある。いずれも，分子中に水になじみやすい**親水基**と，油になじみやすい**疎水基（親油基）**を合わせもった**界面活性剤**とよばれる有機物を主成分としている。水中や繊維に油汚れがあると，疎水基の部分で油汚れを包みこみ，表面が親水基で覆われた微粒子（**ミセル**）となって，水中に分散させて油汚れを落とす。

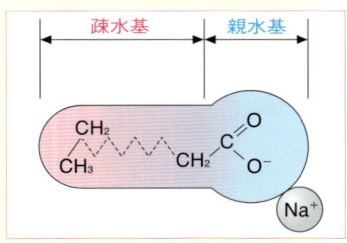

図1．セッケンの構造

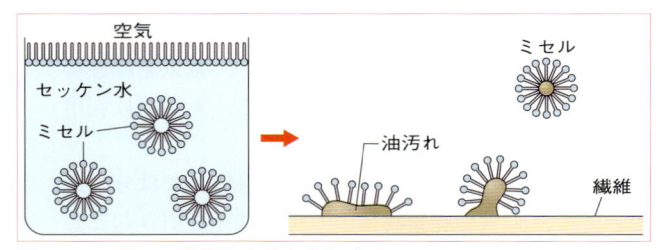

図2．セッケンが油汚れを落とすしくみ

■ **洗剤の適切な使用量**[3] 洗剤は一定濃度になると洗浄力を示すが，それ以上の濃度でいくら多く使用しても，効果はさほど変わらない。

✿1．食肉の色を鮮やかに見せる着色料を**発色剤**という。発色剤には，亜硝酸ナトリウム$NaNO_2$などがある。

✿2．緑茶が酸化されるようす（円内の状態から3時間経過）

✿3．この濃度を臨界ミセル濃度といい，セッケン水の場合は約0.2％である。

8　1編　物質の構成

2 化学の課題とは

■ **物質の合成**　さまざまな化学知識に基づき，人間はさまざまな人工物質をつくり出してきた。その中には，化学肥料のように食糧の増産を可能にし，人類を飢餓から救ったものもあるが，人体や生態系に悪い影響を与えるものもあった。

■ **生体に有害な物質**　例えば，石油と塩素から合成された **DDT** は，第二次世界大戦後，農薬や殺虫剤として多量に使用され，大きな効果を発揮した。しかし，自然界で分解されにくいDDTは，生物体内に入ると蓄積され，食物連鎖を通して生物濃縮され，生態系の上位の生物ほど大きな影響を受けるため，日本では1971年に使用が禁止された。

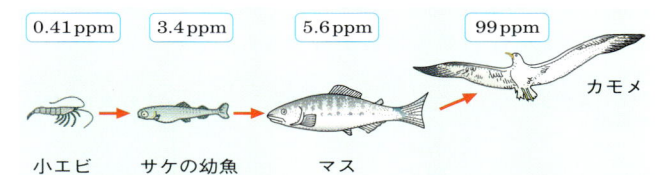

図4．DDTの生物濃縮の例（ミシガン湖での1964年の調査）

■ **物質の環境リスク**　環境中に排出された物質が，人の健康や環境に影響を与える可能性を，物質の環境リスクという。環境リスクの大きさは，有害性と摂取量という2つの条件で決められる。新たな物質が合成されると，さまざまな試験が繰り返され，最終的にその物質の適正な使用量が決められる。

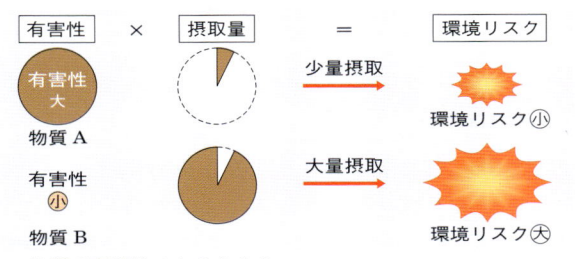

図5．物質の環境リスクの大きさ

■ **今後の物質の使用**　化学物質を使用するにあたっては，有用性や利便性だけでなく，地球環境をその化学物質で汚染することのないよう，製造・使用・廃棄・リサイクルの全過程において，物質の安全性に十分配慮する必要がある。

図3．アンモニアの合成工場

✲4．空気中の窒素と石油からつくった水素からアンモニアを合成する。アンモニアは，化学肥料の重要な原料として多量に生産されている。

✲5．ppmは，百万分率を表す。

✲6．物質の有害性については，人が毎日摂取しても害のない量（耐容一日摂取量），摂取量については，食事の量や体重などを仮定した摂取量（推定暴露量）を用いて，環境リスクが評価される。

環境への影響を考えたうえで，化学物質を使おうね。

序章　化学と人間生活

1章 物質の成り立ち

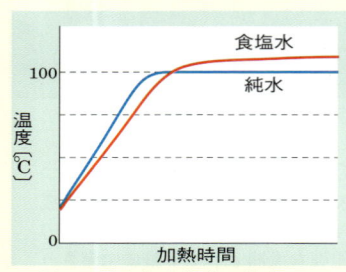

1 混合物と純物質

図1. 純水と食塩水の沸点
食塩水の沸点は，100℃より高くなる。このように，混合物の融点・沸点は，含まれる純物質の混合割合によって変化する。したがって，物質の融点・沸点を測定すれば，その物質が混合物か純物質かを区別することができる。

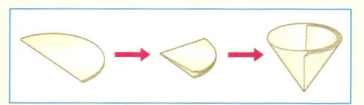

図4. ろ紙の折り方
ろ紙は4つに折って円錐形に開き，少量の水でぬらして，ろうとに密着させる。

図5. ろ過の方法

1 物質を分類すると

私たちの身のまわりには，さまざまな物質が存在する。例えば，空気には窒素や酸素などが含まれ，海水は水に塩化ナトリウムや塩化マグネシウムなどが溶けこんだものである。海水や空気のように，2種類以上の物質が混じり合っているものを**混合物**という。一方，窒素，酸素，水のように，ただ1種類の物質からなるものを**純物質**という。

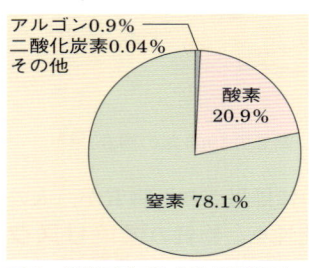

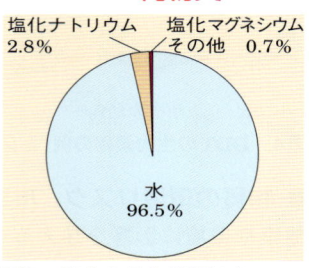

図2. 乾燥空気の成分（体積％）
図3. 海水の成分（質量％）

ポイント
純物質…1種類の物質。融点・沸点は一定である。
混合物…2種類以上の物質が混じり合ったもの。融点・沸点は一定でない。

2 混合物の分離とは

混合物から純物質をとり出す操作を**分離**といい，物質中に含まれる不純物をとり除き，より純粋にすることを**精製**という。混合物は，次のような**物理的な方法**（物質の状態変化などを利用する方法）によって，いくつかの純物質に分離できる。

■ **ろ過** 水などの液体に溶けない固体物質を，ろ紙を用いて分離する方法を**ろ過**という。この方法は，不溶性の物質がろ紙の目を通過できないことを利用している。また，ろ紙を通り抜けた液体を**ろ液**という。

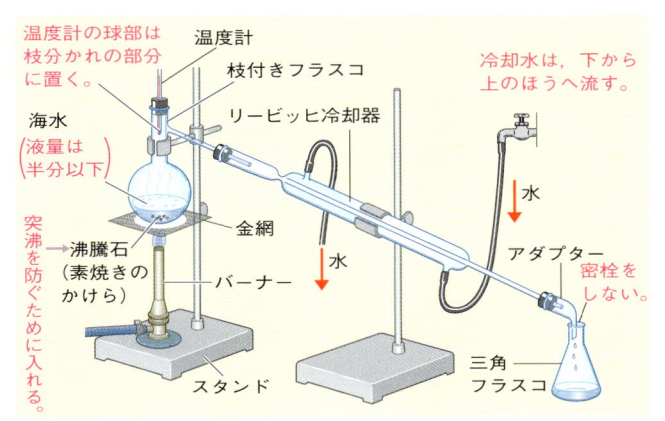

図6. 海水の蒸留

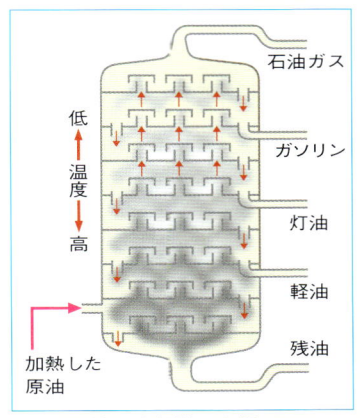

図7. 石油の分留塔の内部

■ **蒸留** 海水を加熱して，蒸発した気体（水蒸気）を冷却すると，純粋な水を分離することができる。このように，液体を含む混合物を加熱して沸騰させ，生じた蒸気を冷却して再び液体として分離する方法を**蒸留**という。蒸留は，各成分物質の沸点の違いを利用した分離法である。

■ **分留** 液体混合物を蒸留によって，各成分に分離する方法を**分留**という。分留は，液体空気から窒素や酸素を分離したり，原油から石油ガス，ガソリン，灯油，軽油などの各成分を分離したりするのに利用される。

■ **再結晶** 多くの固体は，低温になるほど液体に溶けにくくなる。そこで，高温でつくった飽和溶液を冷却すると，液体中に溶けきれなくなった固体が純粋な結晶として析出してくる。このような固体物質の精製法を**再結晶**という。再結晶は，一定量の液体に溶ける物質の量（溶解度）が温度で異なることを利用した分離法である。

■ **抽出** お茶の葉に熱湯を注ぐと，お茶の成分や色素が溶け出してくる。このように，適当な液体（溶媒）を用いて，混合物から特定の成分だけを液体中に分離する方法を，**抽出**という。抽出は，液体に対する溶解性の違いを利用した分離法である。

■ **クロマトグラフィー** ろ紙の一端に黒色のサインペン（複数の色素の混合物）で印をつけ，適当な液体（展開液）に浸すと，液体がろ紙を上昇するにつれ，各色素が異なる位置に分離される。このような方法を**ペーパークロマトグラフィー**という。一般に，物質の移動速度の違いを利用した混合物の分離法を**クロマトグラフィー**という。

図8. 紅茶の抽出

◎1. コーヒー，紅茶，緑茶，ハーブティーなどは，熱水による抽出の例である。

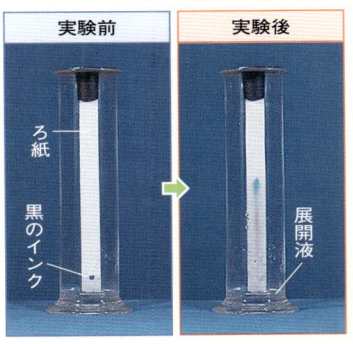

◎2. クロマトグラフィーは，ギリシャ語のchroma（色）とgraphos（記録）という意味をもつ。ペーパークロマトグラフィー（下）では，各色素のろ紙に対する吸着力の違いと，各色素の液体への溶けやすさの違いを利用して分離している。

1章 物質の成り立ち 11

2 物質の成分元素

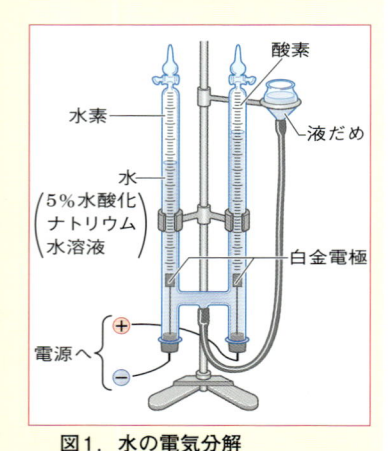

図1. 水の電気分解
水を電気分解すると，水素と酸素が2：1の体積比で得られる。水酸化ナトリウムは，電気を流しやすくするために加えてある。

☆1. 元素記号は，原子の種類を表す記号としても用いられる。

図2. ドルトンが考えた元素記号

1 単体と化合物の違い

■ 純物質である水を電気分解すると，別の純物質である水素と酸素に分解できる。しかし，水素や酸素は，これ以上いかなる方法を用いても，別の純物質に分解できない。

■ **単体** 水素や酸素のように，それ以上別の物質に分けることができない純物質を**単体**という。

■ **化合物** 水のように，2種類以上の物質（単体）に分けることができる純物質を**化合物**という。

■ **単体と化合物の区別** 化合物は，電気分解のような化学的な方法（化学変化を利用する方法）によって，2種類以上の物質に分けることができるが，単体は，いかなる方法を用いても，別の物質に分けることができない。

2 元素とはどんなものか

■ **元素** 物質を構成する基本的な成分を**元素**という。現在では，約110種類の元素が確認されているが，このうち約90種類の元素が天然に存在している。

すべての物質は，元素の組み合わせでできている。単体は**1種類の元素からなる純物質**であり，化合物は**2種類以上の元素からなる純物質**である。

■ **元素記号** 各元素は，ラテン語名などの頭文字などからとった**元素記号**で表される。元素記号は世界共通の記号であり，アルファベット1文字，または2文字を用いて，図3のように表す。

元素名	元素記号	英語名	由　来
水素	H	Hydrogen	「水を生じる」というギリシャ語
ヘリウム	He	Helium	Helios（太陽，ギリシャ語）
炭素	C	Carbon	Carbonis（炭，ラテン語）
窒素	N	Nitrogen	Nitrogenium（硝石をつくるもの）
酸素	O	Oxygen	酸をつくるもの

元素名	元素記号	英語名	由　来
ナトリウム	Na	Sodium	Natron（炭酸ナトリウムの古名）
鉄	Fe	Iron	Ferrum（鉄，ラテン語）
銅	Cu	Copper	鉱石の産地，キプロス島
銀	Ag	Silver	Argentum（輝いた）
金	Au	Gold	Aurum（暁の女神）

表1. おもな元素と元素記号およびその由来

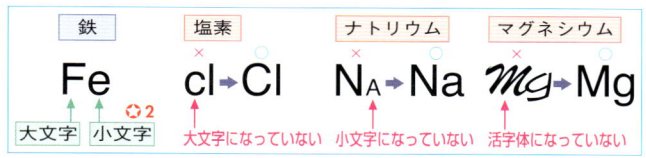

図3．元素記号の書き方，誤りやすい例

※2．元素記号の1文字目は活字体の大文字である。2文字目は，小文字であれば活字体でも筆記体でもよい。

■ **単体名と元素名** 単体と元素は，同じ名称でよばれることが多いので，区別することが必要となる。

「単体」は，実際に存在する物質そのものを指し，具体的な性質をもつ。一方，「元素」は，物質を構成する成分を指し，具体的な性質をもたない。

> **例題 単体と元素の区別**
> 次の下線部は，単体と元素のどちらを指すか。
> (1) 水素が燃焼すると水ができる。
> (2) 水は水素と酸素からできている。

解説 (1) 「水素」は，燃えるという具体的な性質をもつ気体として用いられており，単体の意味である。
(2) 「水素」は，具体的な性質をもたない物質の成分として用いられており，元素の意味である。

答 (1) 単体 (2) 元素

単体は物質の名前，元素は物質をつくる成分の名前。

③ 元素の分布を調べると

■ 太陽系を構成する元素は水素Hが最も多く，次いでヘリウムHeが多い。一方，地殻（地球の表層部）を構成する元素は酸素Oが最も多く，次いでケイ素Siが多い。また，人体を構成する元素は酸素Oが最も多く，次いで炭素Cが多い。このように，元素の分布は場所によって大きく異なる。

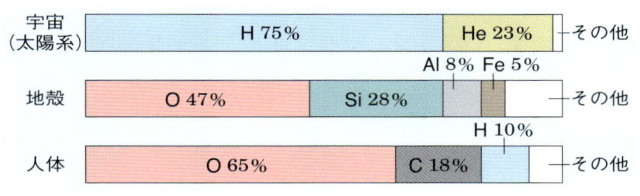

宇宙（太陽系）	H 75%　He 23%　その他
地殻	O 47%　Si 28%　Al 8% Fe 5%　その他
人体	O 65%　C 18%　H 10%　その他

図4．元素の分布（質量％）

※3．太陽系の質量のほとんどを太陽が占め，太陽の質量のほとんどを水素HとヘリウムHeが占めているため。

※4．地殻が主に火成岩でできており，火成岩を構成する鉱物の多くが酸素Oとケイ素Siでできているため。

> **ポイント**
> 混合物 →分離→ 純物質
> 例 空気，海水，石油，牛乳
> ├ **単体**…1種類の元素からなる純物質
> │　例 水素，酸素，鉄，硫黄
> └ **化合物**…2種類以上の元素からなる純物質
> 　　例 水，二酸化炭素，アンモニア

1章　物質の成り立ち

4 同素体とは何か

■ **炭素の同素体** 宝石などに使われる**ダイヤモンド**と、鉛筆の芯などに使われる**黒鉛（グラファイト）**は、いずれも炭素Cという元素からなる単体であるが、これらの性質はかなり異なる。このように、**同じ元素からなる単体で性質が異なるもの**を、互いに**同素体**という。炭素の同素体には、近年、その存在が明らかになった**フラーレン**や**カーボンナノチューブ**などもある。

❺ 5．この性質の違いは、炭素原子の結合の仕方の違いに基づく。

❻ 6．フラーレンは球状の炭素分子で1985年、クロトーやスモーリー、カールらによって発見された。カーボンナノチューブは円筒状の炭素分子で、1991年、飯島澄男によって発見された。

同素体	ダイヤモンド	黒 鉛	フラーレン	カーボンナノチューブ
外 観				
構 造				
性 質	無色透明で、極めて硬く、電気を導かない。	黒色で軟らかく、電気をよく導く。	黒色で、電気を導かない。	黒色で、電気を導くものと導きにくいものがある。

表2．炭素の同素体

■ **硫黄の同素体** 硫黄の単体で常温で安定に存在するのは**斜方硫黄**である。これを加熱して得られた液体を空気中で冷却すると**単斜硫黄**になる。また、高温の硫黄の融解液を水中で急冷すると、**ゴム状硫黄**が得られる。❼

❼ 7．単斜硫黄やゴム状硫黄は、室温で長く放置すると斜方硫黄になる。

同素体	斜方硫黄	単斜硫黄	ゴム状硫黄
外 観			
性 質	黄色で、常温で安定である。	黄色で、針状の結晶である。	褐色で、伸縮性を示す。

表3．硫黄の同素体

❽ 8．リンの同素体

黄リン
猛毒。水中に保存する。

赤リン
微毒。マッチの側薬に使われる。

■ **酸素・リンの同素体** 酸素の同素体には、無色・無臭の**酸素** O_2 と、淡青色・特異臭の**オゾン** O_3 がある。

リンの同素体には、空気中で自然発火する淡黄色ろう状の**黄リン**と、空気中でも自然発火しない暗赤色粉末の**赤リン**などがある。❽

5 元素の種類を調べる

■ 各元素に特有な反応を利用して、物質中の特定の成分元素を確認することができる。

■ **沈殿反応** 化学反応などによって溶液中から生じた不溶性の固体を**沈殿**といい，沈殿を生じる変化を**沈殿反応**という。

例えば，塩化ナトリウム水溶液に硝酸銀水溶液を加えると，白色の沈殿（塩化銀）を生じる。この反応から，塩化ナトリウム中の塩素Clが検出できる。

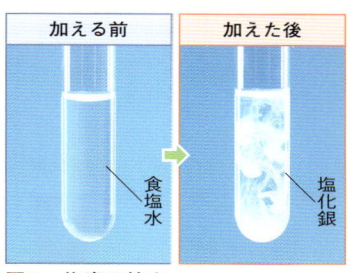

図5．塩素の検出
食塩水に硝酸銀水溶液を加えると，白色の塩化銀が沈殿する。

■ **炎色反応** 物質を炎の中に入れると，物質に含まれる元素に特有の発色が見られる現象を**炎色反応**という。炎色反応の炎の色から，特定の元素を検出することができる。

例えば，塩化ナトリウム水溶液を白金線につけ，ガスバーナーの外炎へ入れると，炎が黄色になる。この反応から，塩化ナトリウム中のナトリウムNaが検出できる。また，ガスコンロで味噌汁を加熱していて味噌汁が吹きこぼれたとき，炎が黄色に見えることがあるのは，味噌汁中にNaが含まれているからである。

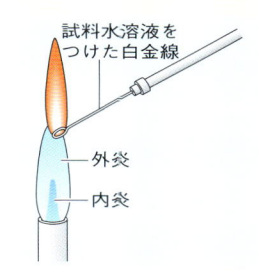

図6．炎色反応の実験方法

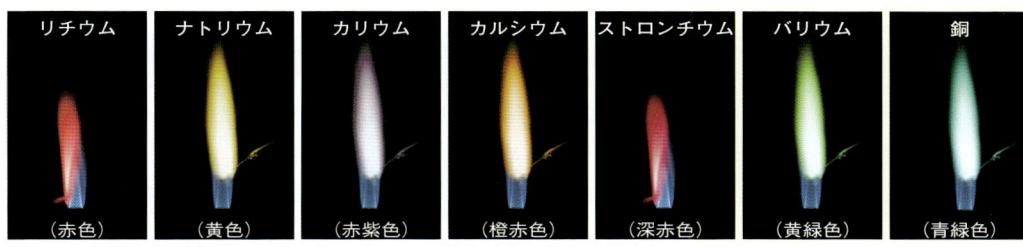

リチウム	ナトリウム	カリウム	カルシウム	ストロンチウム	バリウム	銅
(赤色)	(黄色)	(赤紫色)	(橙赤色)	(深赤色)	(黄緑色)	(青緑色)

図7．炎色反応を示す元素とその色　すべての元素が炎色反応を示すわけではない。

■ **気体発生反応** 大理石に希塩酸を注ぐと，気体が発生する。この気体を石灰水（水酸化カルシウムの飽和水溶液）に通すと，白濁する。これは，白色の沈殿（炭酸カルシウム）が生じたためであり，この気体は二酸化炭素である。

この実験から，大理石中には成分元素として炭素Cと酸素Oが含まれていることがわかる。

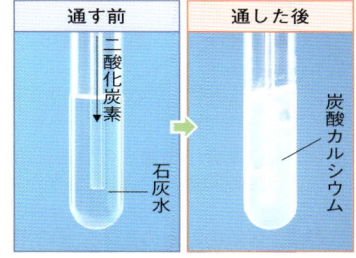

図8．二酸化炭素の検出
石灰水に二酸化炭素を通すと，白色の炭酸カルシウムが沈殿する。

> **ポイント　成分元素の検出法**
> - Naの検出…**炎色反応が黄色**
> - Clの検出…**硝酸銀**水溶液で**白色の沈殿**
> - Cの検出…燃焼で生じた気体が**石灰水を白濁**

1章　物質の成り立ち　15

3 粒子の熱運動と温度

1 においが部屋中に広がるわけ

■ **拡散** 図1のように，ガラス容器の底に臭素Br_2を1滴落とし，ただちにふたをして放置すると，蒸発した臭素の赤褐色の気体がしだいに容器の上方へ広がっていき，やがて全体が一様な色になる。このように**物質が自然にゆっくりと全体に広がっていく現象**を，**拡散**という。

拡散は，気体中だけでなく，液体中の分子やイオンなどでも見られるが，液体中での拡散は気体中での拡散に比べると非常に遅い。

■ **熱運動** 拡散が起こるのは，物質を構成する粒子が，その温度に応じて，たえず不規則な運動をしているからである。このような運動を粒子の**熱運動**という。

粒子の熱運動は，温度が高くなるほど激しくなる。

> **ポイント**
> **熱運動**…粒子が温度に応じて行う不規則な運動
> **拡散**…粒子の熱運動によって起こる現象

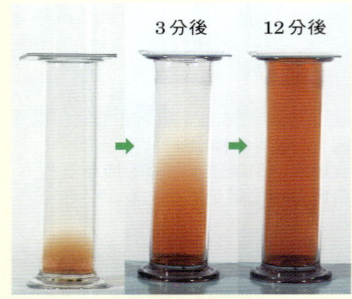

図1．臭素Br_2の拡散
臭素は，空気よりはるかに重いにもかかわらず，ガラス容器の上方にまでゆっくり広がっていく。

✿1．拡散は，つねに濃度の高いほうから低いほうへ向かって起こる。その逆方向への変化は，自然界では起こらない。

2 気体分子の熱運動の特徴

■ 気体分子は空間を自由に運動しており，その熱運動の特徴をまとめると，次のようになる。

1 **気体分子は激しく熱運動しており**，たえずほかの分子や容器の壁などに衝突し，エネルギーを交換し合う。すなわち，気体分子の進行方向，速さ，エネルギーなどが刻々と変化する。

2 温度が一定でも，すべての気体分子が同じ速さで運動しているのではない。速いものから遅いものまでさまざまであり，一定の速度分布（**ボルツマン分布**という）をもつ（図2）。したがって，気体分子の速さは，その平均値を用いて比較する。

3 温度が高くなると，気体分子の運動エネルギーの総和は大きくなるので，気体分子の速度分布曲線は高エネルギー側へずれ，平均の速さも大きくなる。

4 同じ温度では，分子量（→p.67）が小さいほど平均の速さは大きい。

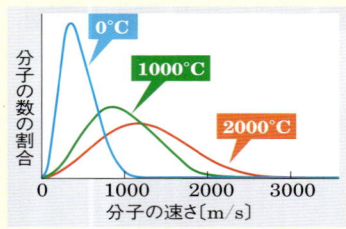

図2．窒素分子の速さの分布と温度の関係

✿2．0℃のときの気体分子の平均の速さ

気体	分子量	速さ[m/s]
H_2	2.0	1840
O_2	32.0	461
CO_2	44.0	394

1編 物質の構成

3 気体に圧力が生じるわけ

■ **気体の圧力** 単位面積あたりにはたらく力を**圧力**という。例えば，気体を容器に入れると，気体分子は激しく熱運動しているため，容器の壁に衝突する。気体分子が物体に衝突するとき，単位面積あたりにはたらく力が**気体の圧力**となる。

気体の圧力は，温度が高くなる（気体分子の熱運動の速さが大きくなる）ほど大きく，また，単位面積あたりに衝突する分子の数が多いほど大きい。

■ **圧力の単位** 圧力の単位には気圧（atm）が用いられてきたが，国際単位系（SI）では圧力の単位として**パスカル（Pa）**を用いる。

1 Paとは，1 m²の面積に1 N（ニュートン）の力がはたらくときの圧力である。

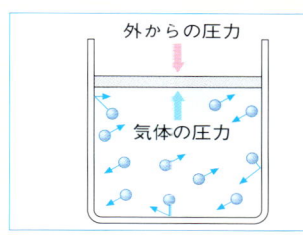

$$1\ \mathrm{Pa} = 1\ \mathrm{N/m^2}$$

図3．気体の圧力

✲3．海水面における大気圧の平均値（**標準大気圧**）を，1気圧（1 atm）という。
$1\ \mathrm{atm} = 1.013 \times 10^5\ \mathrm{Pa}$

4 温度にも種類がある

■ **温度** 物体の温かさや冷たさの度合いを数値で表したものを**温度**という。

■ **セルシウス温度** 私たちが日常使っている**セルシウス温度**（セ氏温度）は，$1.01 \times 10^5\ \mathrm{Pa}$での水の凝固点と沸点の間を100等分して，1℃の温度差を定めたものである。

■ **絶対零度** 粒子の熱運動は温度が低くなるほど穏やかになり，理論上，−273℃で停止する。

−273℃は最も低い温度で，**絶対零度**とよばれる。

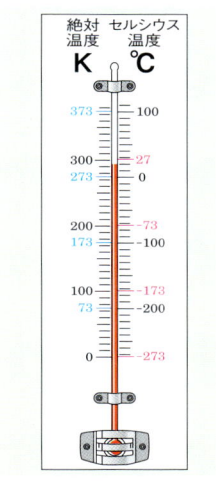

図4．絶対温度とセルシウス温度

■ **絶対温度** 絶対零度を基点として，目盛りの間隔がセルシウス温度と同じになるように定めた温度を**絶対温度**といい，単位には**ケルビン（K）**を用いる。

絶対温度T〔K〕とセルシウス温度t〔℃〕の間には，次のような関係がある。

$$T = t + 273$$

✲4．スウェーデンの物理学者セルシウスが提唱した温度で，単位には℃を用いる。

✲5．ケルビン（イギリス）は，すべての気体の体積が理論上0となる−273℃を最低の温度と考え，絶対温度の考え方を提唱した。

> セ氏温度を絶対温度にするときは，セ氏温度に273を足せばいいね。

1章　物質の成り立ち

4 物質の三態

1 固体，液体，気体の違いは何か

■ **物質の三態**　物質は，その構成粒子の集合状態の違いによって，固体，液体，気体の3つの状態をとる。これを，物質の三態という。一般に，温度や圧力を変化させると，物質の状態は変わる。

■ **粒子の集合状態**　物質の構成粒子（原子，分子，イオン）はたえず熱運動をしており，互いにばらばらになろうとする傾向をもつ。一方，粒子間には引力（分子間力など）がはたらいており，互いに集合しようとする傾向もある。物質の状態は，この2つの傾向の大小関係によって決まる。

1 **固体**　粒子間の距離が最も小さく，粒子間には引力がはたらく。粒子がほぼ一定の位置に固定され，その位置を中心にわずかに振動しているだけである。多くの固体は，粒子が規則正しく配列した結晶として存在する。

2 **液体**　粒子間の距離が固体よりもわずかに大きく，粒子間には引力がはたらく。粒子の配列が少し乱れており，ところどころに粒子の存在しない空間があるため，相互に粒子が移動することができ，流動性を示す。

3 **気体**　粒子間の距離が最も大きく，粒子間にはほとんど引力がはたらいていない。粒子は空間を自由に運動することができる。気体の体積は，固体や液体と比べるとはるかに大きい。

> **ポイント**
> 固体…粒子が規則正しく配列された状態（結晶）
> 液体…粒子が不規則に配列された状態（流動性）
> 気体…粒子が自由に運動している状態

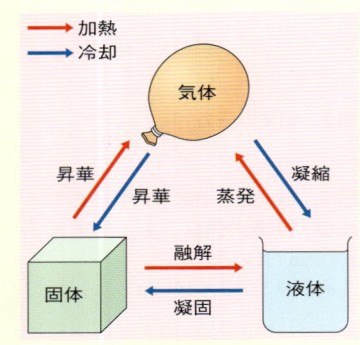

図1．物質の状態変化

❶1. 結晶の状態をとっていない固体物質を非晶質（アモルファス）という。その代表例として，ガラス，ゴムなどがあり，これらの物質は一定の融点を示さない。

❷2. 一般に，物質の密度は固体より液体のほうがやや小さい。固体より液体のほうが密度が大きい物質は，水，ケイ素，ゲルマニウム，ビスマスなどしかない。

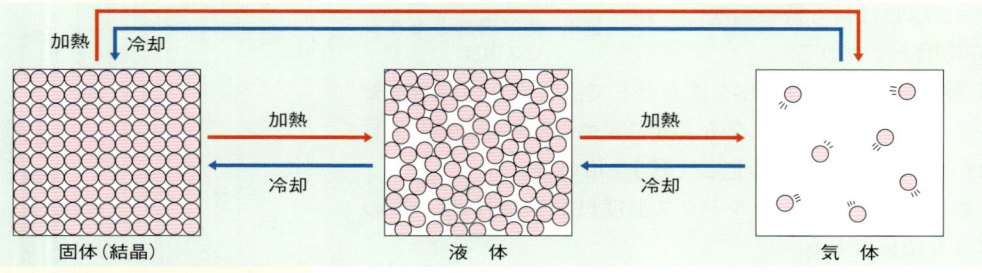

図2．物質の三態の粒子モデル

2 状態変化は熱の出入りをともなう 発展

■ **固体↔液体の状態変化** 固体を加熱すると温度が上昇するが，ある温度になると，固体から液体へと変化する。この現象が**融解**であり，そのときの温度を**融点**という。融点において，固体が液体になるときに吸収する熱量を**融解熱**という。

融解熱は固体の粒子間の配列をくずすために使われるので，融解中は物質の温度は変化しない。

逆に，液体を冷却していくと，ある温度で固体へと変化する。この現象が**凝固**であり，そのときの温度を**凝固点**という。純粋な物質では，融点と凝固点は等しく，融解熱と凝固熱も等しい。

■ **液体↔気体の状態変化** 液体の表面付近にある分子のうち，特に運動エネルギーの大きな分子は，分子間力に打ち勝って液面から空間へ飛び出す。この現象が**蒸発**である。液体の温度を上げていくと，分子の運動エネルギーが大きくなり，液体内部からも分子が飛び出すようになる。この現象が**沸騰**であり，そのときの温度を**沸点**という。

また，液体が気体になるときに吸収する熱量を**蒸発熱**という。

蒸発熱は液体分子間にはたらく分子間力を切断するのに使われるので，沸騰中は物質の温度は変化しない。

逆に，気体を冷却していくと，ある温度で液体へと変化する。この現象を**凝縮**という。気体が凝縮するときは，蒸発熱と同量の熱量（**凝縮熱**）が放出される。

> **ポイント** 融解中や沸騰中など，状態変化の間は，物質の温度は一定である。

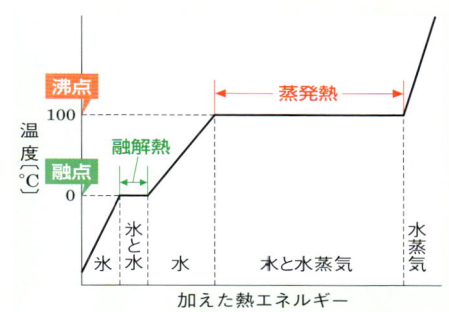

図3．加熱による水の状態変化
1 molの水（氷）を加熱し続けた場合

3. 凝固点で，液体が固体になるときに放出する熱量を**凝固熱**という。

図4．物理変化の例
まっ赤にとけた液体の鉄

3 物理変化と化学変化の違い 発展

■ **物理変化** 水が氷や水蒸気になる変化や，ショ糖が水に溶ける変化は**物理変化**という。物理変化では**物質そのものは変わらず**，物質の状態や集合状態だけが変化する。

■ **化学変化** 水素と酸素が化合して水になったり，酸化銀が分解して銀と酸素が生じる変化は**化学変化（化学反応）**という。化学変化では，物質間で原子の組み換えが起こるので，変化後には**別の種類の物質**になっている。

図5．化学変化の例
空気中でのスチールウール（鉄）の燃焼

4. 2種類以上の物質から1種類の物質を生じる化学変化を**化合**，逆に，1種類の物質から2種類以上の物質を生じる化学変化を**分解**という。

1章 物質の成り立ち 19

重要実験 硫黄の同素体について調べる

方法

1. 試験管Aに硫黄の粉末を小さじ1杯とり，二硫化炭素1mLを加えて溶かす。
2. 上ずみをペトリ皿に移し，放置する。倍率50倍の顕微鏡で観察する。
3. 試験管Bに約$\frac{1}{3}$の粉末硫黄を入れ，弱火で加熱する。
4. とけた硫黄を乾いたろ紙の中に移す。
5. 試験管Cに約$\frac{1}{3}$の粉末硫黄を入れ，強火で加熱する。色の変化と粘性の変化のようすを観察する。
6. 粘性が高くなるが，さらに加熱すると流動性を回復するので，沸騰する前に，水の中に流しこむ。
7. 方法2，4，6の硫黄の状態を観察して，スケッチする。

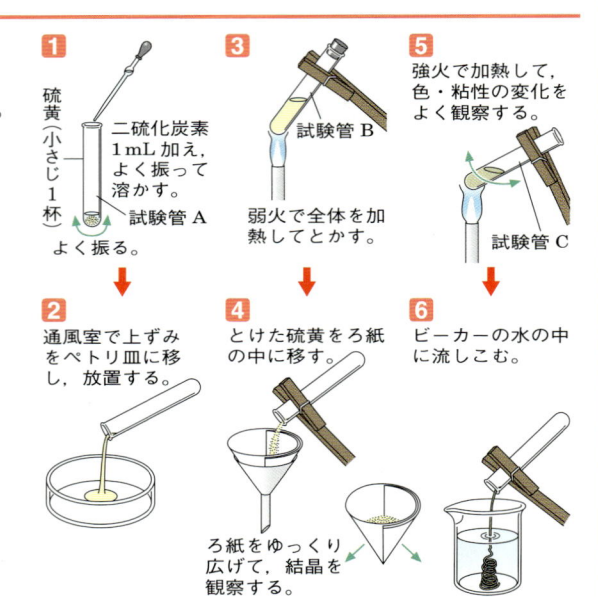

1 硫黄（小さじ1杯）／二硫化炭素1mL加え，よく振って溶かす。試験管A よく振る。

3 試験管B 弱火で全体を加熱してとかす。

5 強火で加熱して，色・粘性の変化をよく観察する。試験管C

2 通風室で上ずみをペトリ皿に移し，放置する。

4 とけた硫黄をろ紙の中に移す。ろ紙をゆっくり広げて，結晶を観察する。

6 ビーカーの水の中に流しこむ。

結果

1. 方法2では，硫黄は溶けて，**淡黄色の液体**になる。ガラスの上には**黄色ひし形の結晶**ができる。
2. 方法3，4では，硫黄がとけて黄色の液体になる。また，ろ紙上には**黄色針状の結晶**ができる。
3. 方法5では，溶液の色が，**黄色→赤褐色→褐色**と変化する。また，粘りけを生じていったん固まったような状態になるが，再び液状になり，色が濃くなる。さらに加熱を続けると，やがて沸騰する。
4. 方法6では，水の中に入れると，**褐色で弾力性のあるゴム状の物質**に変わる。

考察

1. 単斜硫黄もゴム状硫黄も，長時間放置すると，しだいに元の斜方硫黄に戻る。硫黄の同素体はそれぞれどのような温度範囲で安定か，調べてみよ。
   → **斜方硫黄**；95℃以下　**単斜硫黄**；95～119℃　**ゴム状硫黄**；160℃以上

2. 硫黄の3種の同素体の特徴をまとめよ。
   → 次の表のようにまとめることができる。

同素体名	色	結晶のようす
斜方硫黄	黄色	八面体結晶
単斜硫黄	黄色	針状結晶
ゴム状硫黄	褐色	非結晶（弾性あり）

3. 硫黄に3種の同素体が存在するのはどのようなことが原因か。
   → 結晶をつくる分子の構造や配列の違いによる。

〔参考〕 斜方硫黄（融点；112.8℃），単斜硫黄（融点；119.3℃），ゴム状硫黄（融点；不定），沸点はいずれも444.6℃

テスト直前チェック　定期テストにかならず役立つ！

1. □ 1種類の物質だけからできている物質を何という？
2. □ ろ紙などを用いて，液体と不溶性の固体を分離する操作を何という？
3. □ 温度による溶解度の違いを利用して，固体物質を精製する操作を何という？
4. □ 液体混合物を蒸留によって，各成分に分離する操作を何という？
5. □ 適当な液体を用いて，目的の物質を溶かし出して分離する操作を何という？
6. □ 物質を構成する基本的な成分を何という？
7. □ 元素をアルファベット1文字または2文字で表す世界共通の記号を何という？
8. □ 水素や酸素のように，1種類の元素からできている物質を何という？
9. □ 水のように，2種類以上の元素からできている物質を何という？
10. □ 同じ元素の単体で性質の異なる物質どうしを互いに何という？
11. □ 炭素の同素体には，ダイヤモンドのほかに何がある？
12. □ 硫黄の同素体には，斜方硫黄のほかに何がある？
13. □ 水溶液中に生成した水に不溶性の固体物質を，一般に何という？
14. □ 硝酸銀水溶液を加えて白色の沈殿が生じたとき，検出された元素は何？
15. □ 物質が高温の炎の中で特有の発色をする現象を何という？
16. □ 物質がゆっくりと全体に広がっていく現象を何という？
17. □ 物質を構成する粒子が温度に応じて行う不規則な運動を何という？
18. □ −273℃を基点として表す，単位にはケルビンを使う温度を何という？
19. □ 絶対温度 T〔K〕とセルシウス温度 t〔℃〕の間に成り立つ関係を式で表すと？
20. □ 物質がとり得る固体・液体・気体という3つの状態をまとめて何という？
21. □ 熱運動が最も激しく，粒子が空間を自由に運動している状態は何？
22. □ 物質の種類が変わらない変化を，一般に何という？
23. □ ある物質から別の種類の物質が生じる変化を，一般に何という？

解答

1. 純物質
2. ろ過
3. 再結晶
4. 分留
5. 抽出
6. 元素
7. 元素記号
8. 単体
9. 化合物
10. 同素体
11. 黒鉛（フラーレン，カーボンナノチューブ）
12. 単斜硫黄（ゴム状硫黄）
13. 沈殿
14. 塩素
15. 炎色反応
16. 拡散
17. 熱運動
18. 絶対温度
19. $T = t + 273$
20. 物質の三態
21. 気体
22. 物理変化
23. 化学変化

定期テスト予想問題　解答→p.132

1 純物質と混合物

次の物質を純物質と混合物に分類せよ。
- ア　石油
- イ　窒素
- ウ　ヘリウム
- エ　塩酸
- オ　ダイヤモンド
- カ　水
- キ　液体空気
- ク　黄銅

2 物質の分離法

次の分離方法と最も関係のある文をあとのア〜オから1つずつ選び、それぞれ記号で答えよ。
(1) ろ過　　(2) 蒸留
(3) 再結晶　(4) 抽出
(5) 分留

- ア　沸点の違いを利用して、液体空気から窒素と酸素を分離した。
- イ　塩化ナトリウムを含む硝酸カリウムを高温の水に溶かし、その溶液を冷却すると、硝酸カリウムの結晶が析出した。
- ウ　食塩水から水を蒸発させ、その蒸気を集めて冷却して水を得た。
- エ　大豆を粉末にしてエーテルを加え、大豆油を溶かし出した。
- オ　砂糖と砂の混合物を水に溶かし、ろ紙を使って砂だけをとり除いた。

3 蒸留の方法

次の図は、蒸留のしかたを示したものである。

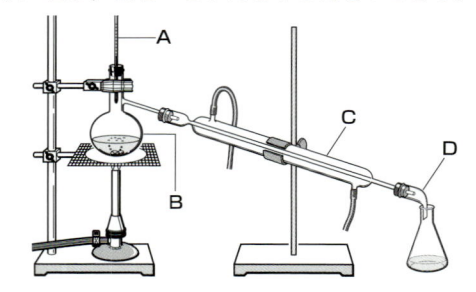

(1) 器具A〜Dの名称をそれぞれ答えよ。
(2) 器具Aの下端の位置は、次のどれが最も適当か。記号で答えよ。
- ア　側管のつけ根の位置
- イ　側管のつけ根と液面の中間の位置
- ウ　液面から約1cm上の位置
- エ　溶液中につける。

(3) 溶液のほかに器具Bの中に入れるものは何か。また、それを入れる理由は何か。
(4) 器具Cに通す冷却水の流れの向きは、次のどちらがよいか。記号で答えよ。
- ア　下から上
- イ　上から下

4 元素と単体

次の文中の下線部の語は、元素と単体のどちらの意味で使われているか。
(1) 水素と<u>酸素</u>の混合気体に点火すると、水が生成する。
(2) 地殻中には、<u>酸素</u>が約46％含まれる。
(3) <u>カルシウム</u>は、骨や歯に多く含まれる。

5 物質の分類

次のア〜エから正しいものをすべて選び、記号で答えよ。
- ア　純粋な水に、純粋な塩化ナトリウムを溶かしてできる塩化ナトリウム水溶液は純物質である。
- イ　空気は、いろいろな気体が混じってできているので混合物である。
- ウ　単体と単体を化合させると、単体の物質ができる。
- エ　水は酸素と水素の2種類の元素からなるので、水を電気分解すると、酸素と水素の単体に分けられる。

6 成分元素の確認

次の各実験で確認された元素の名称と元素記号を答えよ。
(1) ある水溶液に硝酸銀水溶液を加えると，白色沈殿を生じた。
(2) ある水溶液に浸した白金線を高温の炎に入れると，炎の色が橙赤色になった。
(3) ある物質を燃焼させて得られた気体が，石灰水を白濁させた。

7 物質の三態

次の問いに答えよ。
(1) A～Fの状態変化の名称を記せ。
(2) 次の文は，固体，液体，気体のどの状態を説明したものか。
　① 分子間力がほとんどはたらいていない。
　② 分子が規則正しく配列している。
　③ 分子間力が最も強くはたらいている。
　④ 分子は相互に位置を変え，流動性を示す。
　⑤ ほかの状態に比べて，密度が著しく小さい。

8 温度

次の文中の[　]に適する語句や数を入れよ。
　日常よく使われている温度は，1.01×10^5 Paのもとでの水の沸点と凝固点の間を①[　]等分して得られたもので，②[　]という。温度には上限はないが下限があり，③[　]℃以下の温度は存在しない。この最低の温度を④[　]という。
　④を基点として，②と同じ目盛り幅で刻んだ温度を⑤[　]という。⑤の単位には⑥[　]（記号K）を用いる。

9 状態変化と分子の運動

次の文中の[　]に適する語句を入れよ。
　分子からなる固体物質では，分子は定められた位置を中心として，振動などの①[　]をわずかに行っている。加熱によって固体の温度が上昇して②[　]に達すると，分子は互いの位置を変えて移動し始める。この現象を③[　]という。
　液体の表面にある分子のうち，比較的大きなエネルギーをもつものは，空間へ飛び出していく。この現象を④[　]という。さらに温度が上昇して⑤[　]に達すると，液体内部からも分子が激しく④し始める。この現象を⑥[　]という。

10 状態変化とエネルギー

次の図は，ある純物質の固体を一様に加熱したときの温度変化を示したものである。
(1) AB間，BC間，CD間，DE間，EF間での物質の状態をそれぞれ記せ。
(2) 温度t_1，t_2をそれぞれ何というか。
(3) BC間，DE間で起きている状態変化をそれぞれ何というか。
(4) 発展 BC間，DE間で吸収される熱量をそれぞれ何というか。

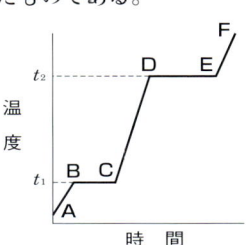

11 物理変化と化学変化

次の①～④の変化は，物理変化と化学変化のどちらか。
① 湿った空気中で鉄くぎがさびた。
② 水を電気分解すると水素と酸素が発生した。
③ 食塩水を蒸留して純粋な水をつくった。
④ 空気中にドライアイスを放置すると，やがてなくなった。

1章　物質の成り立ち　23

2章 物質の構成粒子

1 原子の構造

図1．硫黄表面の原子の像
走査型トンネル顕微鏡とよばれる特殊な電子顕微鏡で見たもの。

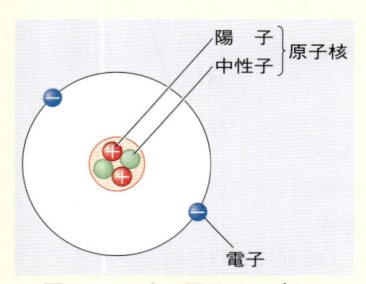

✿1．大きな数は 10^n のような**正の指数**で表し，小さな数は 10^{-n} のような**負の指数**で表される。指数部分が1増えるごとに数が10倍になり，1減るごとに $\frac{1}{10}$ になる。

図3．ヘリウム原子のモデル

✿2．陽子と電子のもつ電気量の絶対値は互いに等しく，符号だけが逆になっている。

✿3．原子核の大きさは，原子の大きさの約10万分の1〜1万分の1（$\frac{1}{10^5}$ 〜 $\frac{1}{10^4}$）の大きさに過ぎない。

1 物質は原子からできている

■ **原子と元素** 現在，物質の基本的成分である各元素には，**原子**とよばれる小さな基本粒子の存在が確認されている。各原子を表す記号には，水素原子H，酸素原子Oのように，元素記号がそのまま用いられる。

■ **原子の大きさ** 特殊な電子顕微鏡で見ると，原子は球状で，その直径は1億分の1 cm（$= 10^{-8}$ cm）程度である。

図2．原子の大きさ
原子 → 約1億倍（10^8倍） → ゴルフボール → 約1億倍（10^8倍） → 地球

2 原子をつくる素粒子たち

■ **原子の構造** 20世紀に入ると，物質を構成する最小の粒子である**原子**には内部構造があり，さらに小さな粒子（素粒子）でできていることが明らかとなった。

原子の中心部には正の電荷をもつ**原子核**が存在し，その周囲を負の電荷をもつ**電子**がとり巻いている。

■ **原子核と電子** 原子核は，原子の質量の大部分を占め，正の電荷をもつ**陽子**と，電荷を帯びていない**中性子**からできている。原子核が正に帯電しているのは，原子核中に陽子が存在するためである。1個の原子の中では，**陽子の数＝電子の数**の関係があり，原子全体としては電荷をもたず，**電気的に中性**である。また，電子は原子核を中心に運動しており，電子の運動する範囲が原子の大きさとなる。

ポイント
原子 { 中心……原子核 { 中性子 ⇒ 電荷をもたない
              陽子 ⇒ 正電荷をもつ } 互いに打ち消し合う
       まわり…電　子 ⇒ 負電荷をもつ

3 原子の背番号→原子番号

■ **原子番号** 各原子の原子核に含まれる陽子の数を、その原子の**原子番号**という。原子番号は、各原子ごとに決まっている。例えば、炭素原子は陽子を6個もっているので、原子番号は6である。したがって、**原子番号は原子の種類を決める数**といえる。また、**陽子の数＝電子の数**なので、原子番号は電子の数とも等しい。

■ **質量数** 陽子と中性子の質量はほぼ等しいが、電子の質量は陽子の質量の約 $\frac{1}{1840}$ しかない（表1）。したがって、原子の質量は、原子核中の陽子の数と中性子の数でほぼ決まる。陽子の数と中性子の数の和を、その原子の**質量数**という。したがって、**質量数は原子の質量を表す数**といえる。原子の構成を表したい場合、**元素記号の左下に原子番号、左上に質量数を書く**（図4）。

粒子	質量〔g〕	質量の比
陽子	1.673×10^{-24}	1
中性子	1.675×10^{-24}	1
電子	9.109×10^{-28}	$\frac{1}{1840}$

表1．陽子・中性子・電子の質量

質量数＝陽子の数＋中性子の数
$^{4}_{2}\text{He}$ ─ 元素記号
原子番号＝陽子の数＝電子の数

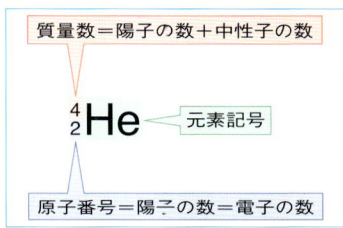

図4．原子番号と質量数の表示法
原子番号は省略することがある。

4 ^{1}H と ^{2}H が双子(ふたご)だって？

■ **同位体** 原子の中には、**原子番号（陽子の数）は同じでも、中性子の数が異なるため、質量数が異なるもの**がある。このような原子を互いに**同位体**（アイソトープ）という。同位体は質量が異なるだけで、陽子の数、つまり、電子の数が同じだから、反応性などの化学的性質は等しい。

	電子の数	
1		1
1	陽子の数	1
0	中性子の数	1

中性子の数だけが違う！

水素 $^{1}_{1}$H　　重水素 $^{2}_{1}$H

図5．水素の同位体

■ **同位体の存在比** 自然界に存在する多くの元素には何種類かの同位体が存在し、その存在比は、各元素ごとにほぼ一定である（表2）。

■ **放射性同位体** 同位体の中には、原子核が不安定で、自然に壊れていくものがある。このとき、原子核からは、α線(アルファ)、β線(ベータ)、γ線(ガンマ)などの強いエネルギーをもつ放射線が放出される。このような性質をもつ同位体を、**放射性同位体**（ラジオアイソトープ）といい、^{3}H、^{14}C、^{60}Co などがよく利用される。

❂ 4．同位体とは、周期表（→p.28）で同じ位置を占める原子という意味で、同素体（同じ元素からできている単体）と間違えないこと。

同位体	存在比〔%〕	同位体	存在比〔%〕
^{1}H	99.985	^{12}C	98.90
^{2}H	0.015	^{13}C	1.10
^{3}H	極微量	^{14}C	極微量

表2．同位体とその存在比
元素の中には、フッ素F、ナトリウムNa、アルミニウムAlのように、同位体の存在しないものもある。

❂ 5．^{3}H は生体内での元素の追跡、^{14}C は遺跡などの木片の年代測定、^{60}Co はがんの放射線治療などに利用される。

2 原子の電子配置

1 電子殻の定員は決まっている

■ 電子は，原子核の外側をデタラメに運動しているわけではなく，一定の規則にしたがって運動している。

■ **電子殻** 1913年，デンマークの**ボーア**は，原子内の電子は原子核のまわりをいくつかの層に分かれて運動しているとする説を提唱した。このような電子の層をまとめて**電子殻**という。電子殻は，図1に示すように，内側から順に，**K殻**，**L殻**，**M殻**，**N殻**，…という。

■ **各電子殻の収容定員** 各電子殻には無制限に電子が入るわけではなく，各電子殻に入ることができる電子の最大数は，表1のように決まっている。

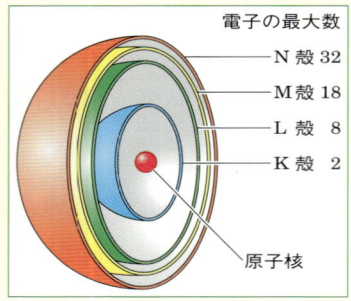

図1．電子殻のモデル構造
電子の最大数
N殻 32
M殻 18
L殻 8
K殻 2
原子核

○1．電子殻を電子核，原子核を原子殻としないように注意。

電子殻	K殻（1番目）	L殻（2番目）	M殻（3番目）	N殻（4番目）	…	n番目
電子の最大数	2個	8個	18個	32個	…	$2n^2$個

表1．各電子殻に入ることができる電子の最大数

■ **電子殻がもつエネルギー** 水素原子は最も内側のK殻に電子1個をもつ。この水素原子に外部からエネルギーを加えると，電子はこのエネルギーを得て，より外側のL殻やM殻に飛び移っていく。つまり，**電子殻のもつエネルギーは，K殻が最も低く，L殻，M殻，…の順に高くなる。**

2 電子殻への電子の分かれ方

■ **電子配置** 電子は，原子番号と同じ数の電子をもつが，これらは，エネルギーの低い内側の電子殻から順に収容される。例えば，原子番号11のナトリウム原子の場合，まずK殻が2個の電子で満たされ，次にL殻が8個の電子で満たされ，残る1個の電子がM殻に収容される。このような各電子殻への電子の配列のしかたを**電子配置**という。

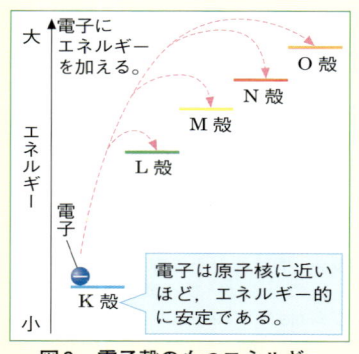

図2．電子殻のもつエネルギー
電子にエネルギーを加える。
O殻
N殻
M殻
L殻
K殻
電子は原子核に近いほど，エネルギー的に安定である。

電子殻のエネルギー状態の高低を示す。電子にエネルギーを加えると，高いエネルギー状態に移っていくが，特にエネルギーを加えない場合には，電子はK殻，L殻，M殻，…の順に配置されていく。

ポイント 電子配置のルール
① **内側**の電子殻から
② 電子殻の**定員を守る**

■ **最外殻電子** 電子のうち，最も外側の電子殻（最外殻）に配置された電子を，**最外殻電子**という。図3は，原子番号が3～20の原子について，それぞれの電子配置を示したものである。

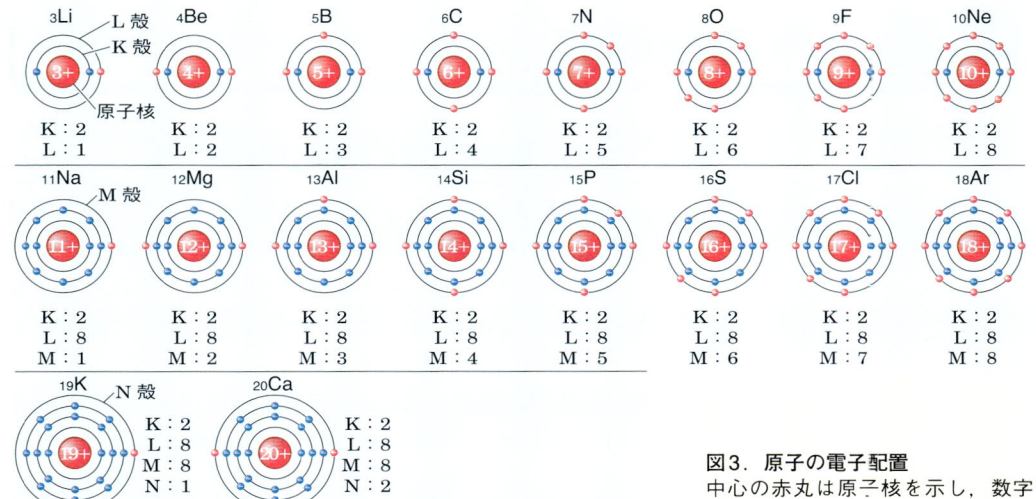

₃Li L殻 K殻 原子核	₄Be	₅B	₆C	₇N	₈O	₉F	₁₀Ne
K:2 L:1	K:2 L:2	K:2 L:3	K:2 L:4	K:2 L:5	K:2 L:6	K:2 L:7	K:2 L:8
₁₁Na M殻	₁₂Mg	₁₃Al	₁₄Si	₁₅P	₁₆S	₁₇Cl	₁₈Ar
K:2 L:8 M:1	K:2 L:8 M:2	K:2 L:8 M:3	K:2 L:8 M:4	K:2 L:8 M:5	K:2 L:8 M:6	K:2 L:8 M:7	K:2 L:8 M:8

₁₉K N殻	₂₀Ca
K:2 L:8 M:8 N:1	K:2 L:8 M:8 N:2

₁₉K, ₂₀Caでは，M殻に9個，10個の電子が入るよりも，M殻に8個の電子が入り，外側のN殻に1個，2個の電子が入ったほうがエネルギー的に安定になる。

図3．原子の電子配置
中心の赤丸は原子核を示し，数字は陽子数（原子番号）を示す。また，同心円は各原子の電子殻を，円周上の⊖は内殻電子，⊖は最外殻電子を示す。

③ 価電子に注目すると…

■ **価電子** 最外殻電子は，内側の電子殻にある電子（内殻電子）に比べてエネルギー的に不安定で，ほかの原子と作用しやすい。そのため，ほかの原子と結合するときなど，その原子の化学的性質を決めるので，**価電子**という。

> ポイント
> **価電子**…原子の化学的性質を決める電子

■ **希ガス** ヘリウムHe，ネオンNe，アルゴンAr，クリプトンKr，キセノンXe，ラドンRnの6元素は，**希ガス（貴ガス）** とよばれ，ほかの元素の原子と結合せず，空気中で安定に存在する。希ガスの原子の**最外殻電子の数は，Heでは2個であるが，それ以外はすべて8個である**（表2）。

■ **希ガスの電子配置** HeやNeのように，最外殻に最大数の電子が収容された状態を**閉殻**という。また，Ar，Kr，Xe，Rnのように，最外殻に8個の電子が収容された状態を**オクテット**という。閉殻とオクテットは，あわせて**希ガスの電子配置**とよばれ，ほかの電子配置に比べて非常に安定である。なお，希ガスの原子の場合，最外殻電子が化学反応には関係しないので，**価電子の数は0**とする。

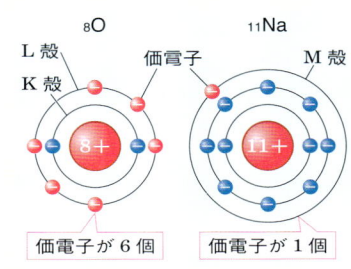

₈O L殻 価電子 K殻
₁₁Na M殻
価電子が6個　価電子が1個

図4．電子配置と価電子

元素	原子番号	電子殻					
		K	L	M	N	O	P
He	2	2					
Ne	10	2	8				
Ar	18	2	8	8			
Kr	36	2	8	18	8		
Xe	54	2	8	18	18	8	
Rn	86	2	8	18	32	18	8

表2．希ガスの原子の電子配置

2章　物質の構成粒子

3 元素の周期表

1 元素の性質の変化を調べる

■ **元素の周期律** 元素を原子番号の順に並べると，**化学的性質の似た元素が周期的に現れる**。この規則性を**元素の周期律**という。元素の周期律が成り立つのは，原子番号の増加にともなって，原子の価電子の数が，図1のように規則的に変化するためである。

■ **元素の周期表** 元素の周期律を利用して，化学的性質のよく似た元素が同じ縦の列に並ぶように配列した表を**元素の周期表**(単に**周期表**)という。

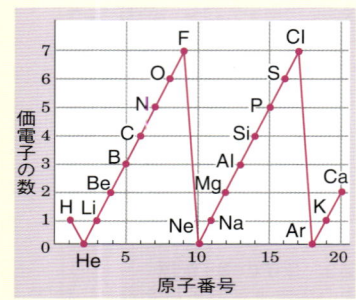

図1．価電子の数の周期的変化

✿1. メンデレーエフ(ロシア)は，1869年，当時発見されていた63種の元素を，原子の質量順に並べて，はじめて周期表の原型をつくった。

2 周期表で元素の性質を知る

■ **周期表の見方** 周期表の縦の列を**族**，横の列を**周期**という。周期には，第1～第7周期があり，族には，1族～18族まである。周期表で，同じ族に属する元素を**同族元素**という。同族元素は，価電子の数が等しいため，よく似た化学的性質を示す。同族元素のうち，性質が特によく似ているものは，特別な名称でよばれることが多い。

> **ポイント**
> H以外の1族元素……**アルカリ金属**
> BeとMg以外の2族元素……**アルカリ土類金属**
> 17族元素……**ハロゲン**
> 18族元素……**希ガス**

図2．元素の周期表

族 周期	1	2	3	4	5	6	7	8	9	10	11	12	13	14	15	16	17	18
1	1H																	2He
2	3Li	4Be											5B	6C	7N	8O	9F	10Ne
3	11Na	12Mg											13Al	14Si	15P	16S	17Cl	18Ar
4	19K	20Ca	21Sc	22Ti	23V	24Cr	25Mn	26Fe	27Co	28Ni	29Cu	30Zn	31Ga	32Ge	33As	34Se	35Br	36Kr
5	37Rb	38Sr	39Y	40Zr	41Nb	42Mo	43Tc	44Ru	45Rh	46Pd	47Ag	48Cd	49In	50Sn	51Sb	52Te	53I	54Xe
6	55Cs	56Ba	ランタ ノイド 57～71	72Hf	73Ta	74W	75Re	76Os	77Ir	78Pt	79Au	80Hg	81Tl	82Pb	83Bi	84Po	85At	86Rn
7	87Fr	88Ra	アクチ ノイド 89～103	104Rf	105Db	106Sg	107Bh	108Hs	109Mt	110Ds	111Rg	112Cn	113Nh	114Fl	115Mc	116Lv	117Ts	118Og

非金属元素 / 典型元素 / 遷移元素

1編　物質の構成

③ 典型は両側，遷移は真ん中

■ **典型元素** 周期表の両側にある1族，2族と12〜18族の元素をまとめて**典型元素**という。典型元素では，原子番号が増加するごとに，価電子の数が1個ずつ増加し，元素の化学的性質が規則的に変化する。これは，電子が**最外殻に配置**されていくからである。すなわち，典型元素は，元素の周期律をはっきりと示す元素群である。**典型元素の価電子数は，希ガスを除いて族番号の1の位の数値と一致する。**

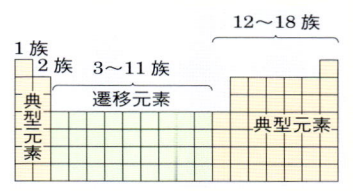

図3．典型元素と遷移元素

■ **遷移元素** 第4周期以降に現れる3〜11族の元素をまとめて**遷移元素**という。遷移元素では，原子番号の増加にともなう元素の化学的性質の変化は小さく，元素の周期律は典型元素ほどはっきりしない。これは，遷移元素では最外殻電子がいずれも2（または1）個であり，原子番号が増加しても，**電子が内殻に配置されていく**からである。

ポイント

	典型元素	遷移元素
最外殻電子の数	規則的に変化する	2（または1）個で一定
化学的性質	縦（同族）の類似性	横（同周期）の類似性
単体の密度	小さいものが多い	大きいものが多い
化合物（イオン）	無色のものが多い	有色のものが多い

④ 金属と非金属の違い

■ **金属元素** 周期表の左側にある約80％の元素は，単体に金属光沢があり，電気や熱をよく導くなど，金属としての特性をもつので**金属元素**とよばれる。なお，金属元素は，陽イオンになりやすい**陽性元素**でもある。元素の周期表では，左下に位置する元素ほど陽性が強くなる。遷移元素は，すべて金属元素に分類される。

■ **非金属元素** 金属元素以外の元素は，すべて**非金属元素**とよばれる。非金属元素には，陰イオンになりやすい**陰性元素**のほか，イオンにならない希ガスも含まれる。周期表では，18族を除いて，右上に位置する元素ほど陰性が強くなる。非金属元素には，周期表の右側にある約20％の元素のほか，水素Hも含まれる。これは，水素は陽イオンになりやすいが，その単体H_2は気体で，金属としての特性を示さないからである。

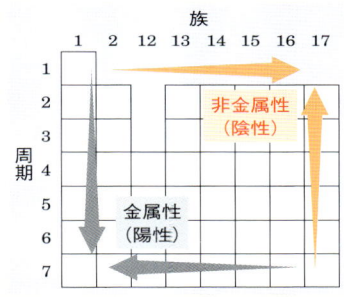

図4．典型元素の金属性と非金属性
左下の元素ほど金属性（陽性）が強く，右上の元素ほど非金属性（陰性）が強くなる。（希ガスを除く）

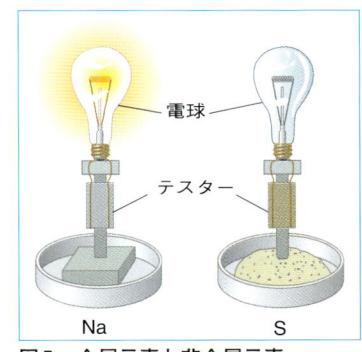

図5．金属元素と非金属元素
金属の単体は電気をよく導くが，非金属の単体は電気を導かないことで区別することができる。

4 イオン

1 イオンとは

■ **イオンの存在** 塩化ナトリウム水溶液に電圧をかけると，電流が流れる。これは，水溶液中に電荷をもつ粒子が存在するためである。このように，電荷をもった粒子を**イオン**という。イオンには，正の電荷をもつ**陽イオン**と，負の電荷をもつ**陰イオン**がある。

★1. ファラデー（イギリス）は，水溶液の電気分解において，電極に向かって移動するものを，ギリシャ語の「行く」という意味にちなんでイオンと名づけた。

■ **電解質と非電解質** 物質がイオンに分かれる現象を**電離**という。塩化ナトリウムや塩化水素のように，水に溶けて電離する物質を**電解質**，グルコースやエタノールのように水に溶けても電離しない物質を**非電解質**という。

図1．イオンの存在と電気伝導性

2 陽イオンや陰イオンができるしくみ

■ **陽イオンの形成** ナトリウム原子Naは価電子1個を失い，ネオン原子Neと同じ安定な電子配置をもつナトリウムイオンNa^+になりやすい。

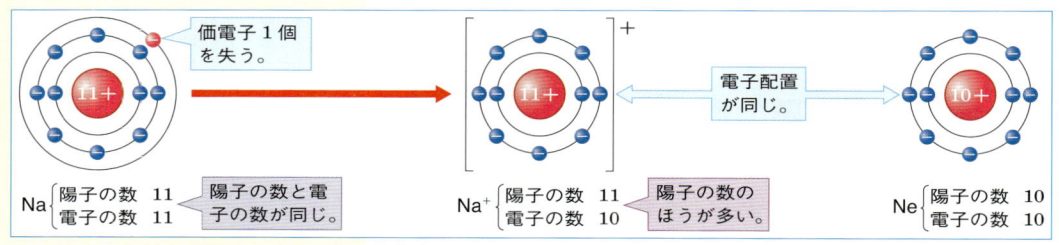

図2．ナトリウム原子のイオン化のようす

Na｛陽子の数 11／電子の数 11｝ 陽子の数と電子の数が同じ。
Na^+｛陽子の数 11／電子の数 10｝ 陽子の数のほうが多い。
電子配置が同じ。
Ne｛陽子の数 10／電子の数 10｝

■ **陰イオンの形成** 塩素原子Clは外部から電子1個を受けとり，アルゴン原子Arと同じ安定な電子配置をもつ塩化物イオンCl^-になりやすい。

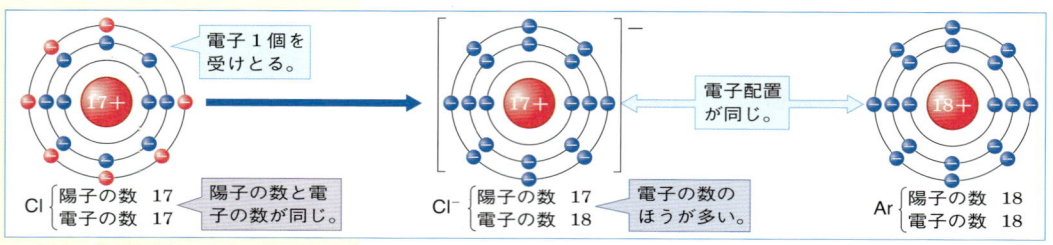

図3．塩素原子のイオン化のようす

Cl｛陽子の数 17／電子の数 17｝ 陽子の数と電子の数が同じ。
Cl^-｛陽子の数 17／電子の数 18｝ 電子の数のほうが多い。
電子配置が同じ。
Ar｛陽子の数 18／電子の数 18｝

1編 物質の構成

3 イオンはどう表すか

■ **イオンの価数** 原子がイオンになるときに失ったり，受けとったりした電子の数を，**イオンの価数**という。価数が1, 2, …のイオンを，1価，2価，…のイオンという。

■ **イオン式** イオンは，元素記号の右上にイオンの価数（1は省略）と正負の符号をつけた**イオン式**で表される。

> **ポイント**
> **イオン式**…元素記号の右上に，イオンの価数（**1**は省略）と正負の符号（＋か－）をつけて表す。

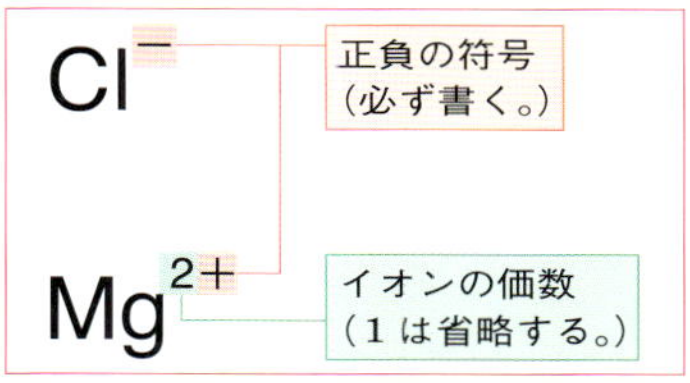

■ **イオンの種類** イオンには，Na^+やCl^-のように1個の原子からなる**単原子イオン**と，OH^-のように2個以上の原子団からなる**多原子イオン**とがある。表1にあげたイオンはどれも重要なものなので，完全に覚えよう。

■ **イオンの名称** 単原子の陽イオンの場合，元素名に「イオン」をつけてよぶ。単原子の陰イオンの場合，元素名の語尾を「～化物イオン」に変えてよぶ。多原子イオンは，それぞれ固有の名称でよばれることが多い。

Cl^- ← 正負の符号（必ず書く。）

Mg^{2+} ← イオンの価数（1は省略する。）

図4. イオン式の書き方

✿**2.** 銅イオンのように，同じ元素で価数の異なる複数のイオンが存在する場合の名称は，元素名の後の（ ）内に，価数をローマ数字で書いて区別する。

算用数字	1, 2, 3, 4, 5, …
ローマ数字	Ⅰ, Ⅱ, Ⅲ, Ⅳ, Ⅴ, …

陽イオン	イオン式	価数
水素イオン	H^+	1
ナトリウムイオン	Na^+	
カリウムイオン	K^+	
アンモニウムイオン	NH_4^+	
銅（Ⅰ）イオン✿2	Cu^+	
銅（Ⅱ）イオン✿2	Cu^{2+}	2
マグネシウムイオン	Mg^{2+}	
カルシウムイオン	Ca^{2+}	
亜鉛イオン	Zn^{2+}	
アルミニウムイオン	Al^{3+}	3

陰イオン	イオン式	価数
フッ化物イオン	F^-	1
塩化物イオン	Cl^-	
水酸化物イオン	OH^-	
硝酸イオン	NO_3^-	
炭酸水素イオン	HCO_3^-	
酸化物イオン	O^{2-}	2
硫化物イオン	S^{2-}	
硫酸イオン	SO_4^{2-}	
炭酸イオン	CO_3^{2-}	
リン酸イオン	PO_4^{3-}	3

表1. いろいろなイオンの名称とイオン式

4 イオンと原子の陽性・陰性

■ 一般に，単原子イオンの電子配置は，希ガス原子のNeやArなどと同じ電子配置をとっていることが多い。

■ **陽性と陰性** 価電子の数が1～3個と少ない原子は，価電子を放出して陽イオンになりやすい。このような性質を**陽性**という。一方，価電子の数が6, 7個と多い原子は，電子を受けとって陰イオンになりやすい。このような性質を**陰性**✿3という。

✿**3.** 価電子の数が4, 5個の原子は，陽イオンにも陰イオンにもなりにくい。

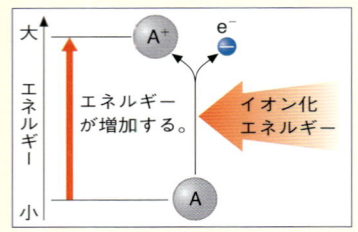

図5. イオン化エネルギー

★4. 原子から1個の電子をとり去るのに必要なエネルギーを**第一イオン化エネルギー**，さらにもう1個の電子をとり去るのに必要なエネルギーを**第二イオン化エネルギー**という。単にイオン化エネルギーというときは，一般に，第一イオン化エネルギーを指す。

★5. キロジュール毎モルと読み，気体状の原子 1 mol（6.02×10^{23}個）あたりのエネルギーを表す。

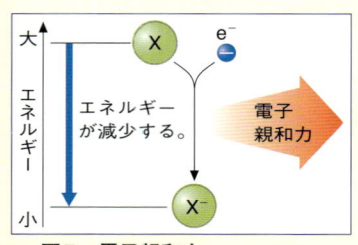

図7. 電子親和力

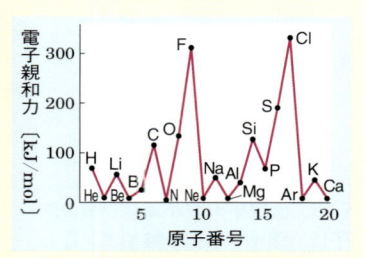

図8. 電子親和力の周期性

5 イオンへのなりやすさ

■ **イオン化エネルギー**　原子を陽イオンにするには，正電荷をもつ原子核に引きつけられている電子を引き離すためのエネルギーが必要となる。**原子から電子1個をとり去り，1価の陽イオンにするのに必要なエネルギー**を，原子の**イオン化エネルギー**[★4]という。

一般に，**イオン化エネルギーの小さい原子ほど，陽イオンになりやすい**。

各原子のイオン化エネルギーを原子番号順にグラフに表すと，図6のように周期的な変化がみられる。

1 Li, Na, Kなどのアルカリ金属の原子は，イオン化エネルギーが小さく，陽イオンになりやすい。

2 He, Ne, Arなどの希ガスの原子は，イオン化エネルギーが大きく，陽イオンになりにくい。

イオン化エネルギーは，同じ周期では原子番号が増えるにつれて増加する傾向があり，希ガスで最大となる。また，同じ族では，原子番号が増えるにつれて減少する。

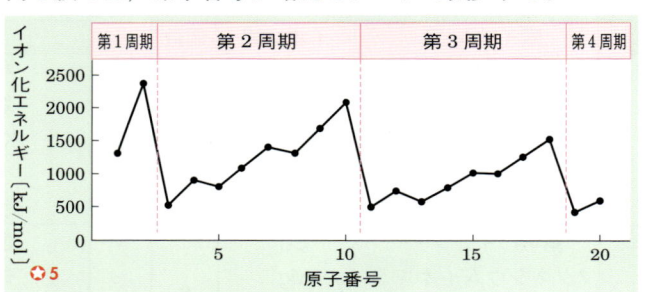

図6. イオン化エネルギーの周期性

■ **電子親和力**　原子が陰イオンになるとき，とりこまれた電子と原子核が引き合うため，エネルギーが放出されることが多い。**原子が電子1個を受けとり，1価の陰イオンになるときに放出されるエネルギー**を，原子の**電子親和力**という。一般に，**電子親和力の大きい原子ほど陰イオンになりやすい**。

1 F, Cl, Brなどのハロゲンの原子は，電子親和力が大きく，陰イオンになりやすい（図8）。

2 電子親和力の小さい原子は，陰イオンになりにくい。

> **ポイント**
> イオン化エネルギーが小 ⇨ **陽イオン**になりやすい。
> 電子親和力が大 ⇨ **陰イオン**になりやすい。

1編　物質の構成

例題 **イオン化エネルギー**
次の原子の中で，イオン化エネルギーが最大の原子と，最小の原子をそれぞれ元素記号で答えよ。
C, Na, Cl, Al, K, He

解説 周期表の左下に位置する原子ほど陽性が強く，イオン化エネルギーが小さい。また，周期表の右上に位置する原子ほど陽性が弱く，イオン化エネルギーが大きい。

答 最大…He，最小…K

	1	2	13	14	15	16	17	18
1								He
2				C				
3	Na		Al				Cl	
4	K							

6 イオンの大きさは違う

■ **原子半径とイオン半径の関係** イオンが球形であるとして求めた半径を**イオン半径**という。

1 原子が陽イオンになると，最外殻の電子が放出され，イオン半径はもとの原子半径よりも小さくなる。
 例 Na (0.186 nm) ＞ Na⁺ (0.116 nm)

2 原子が陰イオンになると，最外殻に電子が配置され，イオン半径はもとの原子半径よりも大きくなる。
 例 Cl (0.099 nm) ＜ Cl⁻ (0.167 nm)

■ **同じ電子配置のイオン半径** ネオンNeおよびアルゴンArと同じ電子配置をもつイオンを電子番号順に並べると，イオン半径はしだいに小さくなる（図9，図10）。これは，**原子番号が増えると原子核の正電荷が増加し，電子がより強く原子核に引きつけられる**ためである。

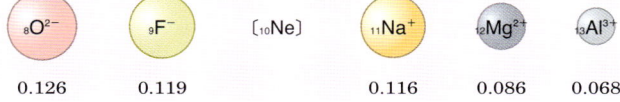

イオンになると，電子の出入りによってイオン半径が変わるよ。

₈O²⁻	₉F⁻	[₁₀Ne]	₁₁Na⁺	₁₂Mg²⁺	₁₃Al³⁺
0.126	0.119		0.116	0.086	0.068

図9．ネオンNeと同じ電子配置をもつイオンの半径（単位はnm）

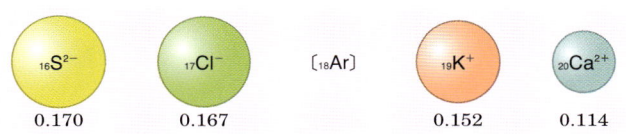

₁₆S²⁻	₁₇Cl⁻	[₁₈Ar]	₁₉K⁺	₂₀Ca²⁺
0.170	0.167		0.152	0.114

図10．アルゴンArと同じ電子配置をもつイオンの半径（単位はnm）

■ **同族元素のイオン半径** 周期表1族のアルカリ金属イオンのイオン半径を比べると，原子番号が増加すると，イオン半径は大きくなる（図11）。

これは，**原子番号が増えると，電子がより外側の電子殻へ配置される**ためである。

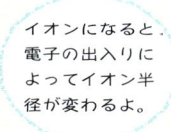

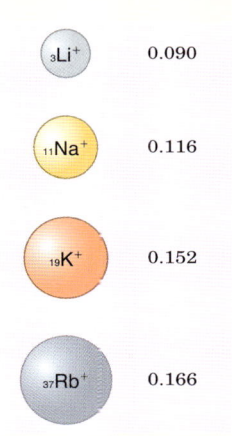

₃Li⁺ 0.090
₁₁Na⁺ 0.116
₁₉K⁺ 0.152
₃₇Rb⁺ 0.166

図11．アルカリ金属のイオンの半径（単位はnm）

テスト直前チェック　定期テストにかならず役立つ！

1. □ 原子の中心にある原子核に含まれる，正の電荷をもつ粒子は何？
2. □ 原子の中心にある原子核に含まれる，電荷をもたない粒子は何？
3. □ 各原子がもつ陽子の数を，その原子の何という？
4. □ 各原子がもつ陽子の数と中性子の数の和を，その原子の何という？
5. □ 原子番号は同じだが，質量数が異なる原子を互いに何という？
6. □ 原子核をとり巻く電子が存在する層を，まとめて何という？
7. □ 各電子殻への電子の配列のしかたを何という？
8. □ 最も外側の電子殻に配置された電子を何という？
9. □ 最外殻にある電子のうち，原子の化学的性質を決めるものを特に何とよぶ？
10. □ HeやNeのように，最外殻に最大数の電子が収容された状態を何とよぶ？
11. □ He，Ne，Ar，Kr，Xeのような希ガスの原子の価電子の数は？
12. □ 元素を原子番号順に並べると，その性質が周期的に変化することを何という？
13. □ 元素の周期表で，縦の列を何という？
14. □ 元素の周期表で，横の列を何という？
15. □ 周期表で同じ族に属する元素をまとめて何という？
16. □ 水素H以外の1族元素をまとめて何とよぶ？
17. □ 17族元素をまとめて何という？
18. □ 1族，2族，12族～18族元素をまとめて何とよぶ？
19. □ 3族～11族元素をまとめて何とよぶ？
20. □ 原子が電子を失うことによって生成するものは何？
21. □ 原子が電子を受けとることによって生成するものは何？
22. □ 原子から電子1個をとり去り1価の陽イオンにするのに必要なエネルギーは何？
23. □ 原子が電子1個を受けとり1価の陰イオンになるとき放出するエネルギーは何？

解答

1. 陽子
2. 中性子
3. 原子番号
4. 質量数
5. 同位体
6. 電子殻
7. 電子配置
8. 最外殻電子
9. 価電子
10. 閉殻
11. 0個
12. 元素の周期律
13. 族
14. 周期
15. 同族元素
16. アルカリ金属
17. ハロゲン
18. 典型元素
19. 遷移元素
20. 陽イオン
21. 陰イオン
22. イオン化エネルギー
23. 電子親和力

定期テスト予想問題　解答→p.133

1 原子の構造

次の表中の空所に，語句や記号，数を入れよ。

元素名	元素記号	陽子	中性子	電子	質量数
水素	$_1^1H$	①	②	③	④
⑤	⑥	⑦	⑧	6	12
酸素	⑨	8	10	⑩	18
⑪	$_{17}^{35}Cl$	⑫	18	⑬	⑭

2 原子模型

右の図は，ある原子の原子模型である。次の問いに答えよ。

(1) 原子番号と質量数をそれぞれ答えよ。

(2) この原子が1価の陽イオンになったときのイオン式を書け。

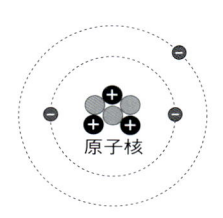

●：電子　●：陽子　●：中性子

(3) (2)のイオンがもつ電子と同数の電子をもつ，電気的に中性な原子を，元素記号で答えよ。

(4) この原子の原子核中の中性子が1個増加した原子の質量は，質量数1の水素原子の質量のほぼ何倍か。

3 原子の電子配置とイオンの構造

次の文中の［　］に適する語句や記号，数を入れよ。

　原子番号12のマグネシウム原子は，原子核のまわりに①［　　］個の電子があるが，それらの電子は原子核に近い電子殻から順に，2個，②［　　］個，③［　　］個に分かれて存在している。この最外殻の④［　　］殻の電子は他の原子と結びつくときに重要な役割をするので，⑤［　　］とよばれる。

　このマグネシウム原子は，⑤2個を外部に放出して⑥［　　］（イオン式）と表されるイオンとなるが，このイオンの電子配置は希ガスの⑦［　　］原子と同じになる。

　原子番号9のフッ素原子が⑧［　　］（名称），⑨［　　］（イオン式）になるときは，フッ素原子が電子⑩［　　］個を最外殻の⑪［　　］殻にとり入れて，⑫［　　］原子と同じ電子配置に変わる。

4 元素の周期律

次の文中の［　］に適する語句・人名を記せ。

　元素を①［　　］の順に並べると，化学的性質が似た元素が周期的に現れる。これを元素の②［　　］という。②に基づいて元素を配列した表を③［　　］といい，ロシアの④［　　］によって初めてつくられた。

　周期表において横の列を⑤［　　］，縦の列を⑥［　　］という。同じ⑥に属する元素を⑦［　　］といい，⑧［　　］の数が等しいので，化学的性質がよく似ている。

　また，17族元素を⑨［　　］，18族元素を⑩［　　］，Hを除く1族元素を⑪［　　］という。

5 元素の周期表

下の図は元素の周期表の概略図である。次の(1)～(6)にあてはまる領域を，図のA～Hからすべて選べ。

(1) アルカリ金属　(2) 希ガス
(3) ハロゲン　　　(4) 遷移元素
(5) 金属元素　　　(6) 非金属元素

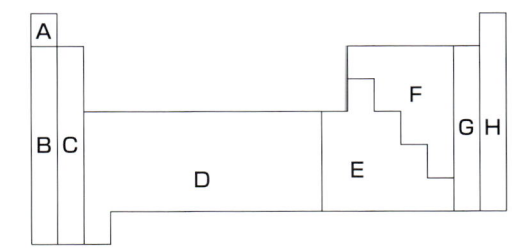

ホッとタイム

キミは計算派か 直感派か—
原子の大きさを考える

○ うんと大きいものや小さいものの大きさは，身近なものに置きかえてみるとわかりやすい。というわけで，ここではそれを実感してもらおう。ち密な計算で攻めるか，それともとぎすまされた直感でズバリ切るか。いざ，チャレンジ！

1円硬貨の直径はちょうど2 cmである。これを原子のなかでいちばん大きいウラン原子の原子核の大きさにたとえると，ウラン原子全体の大きさは，ここにあげた6つのもののどれに最も近いだろうか。

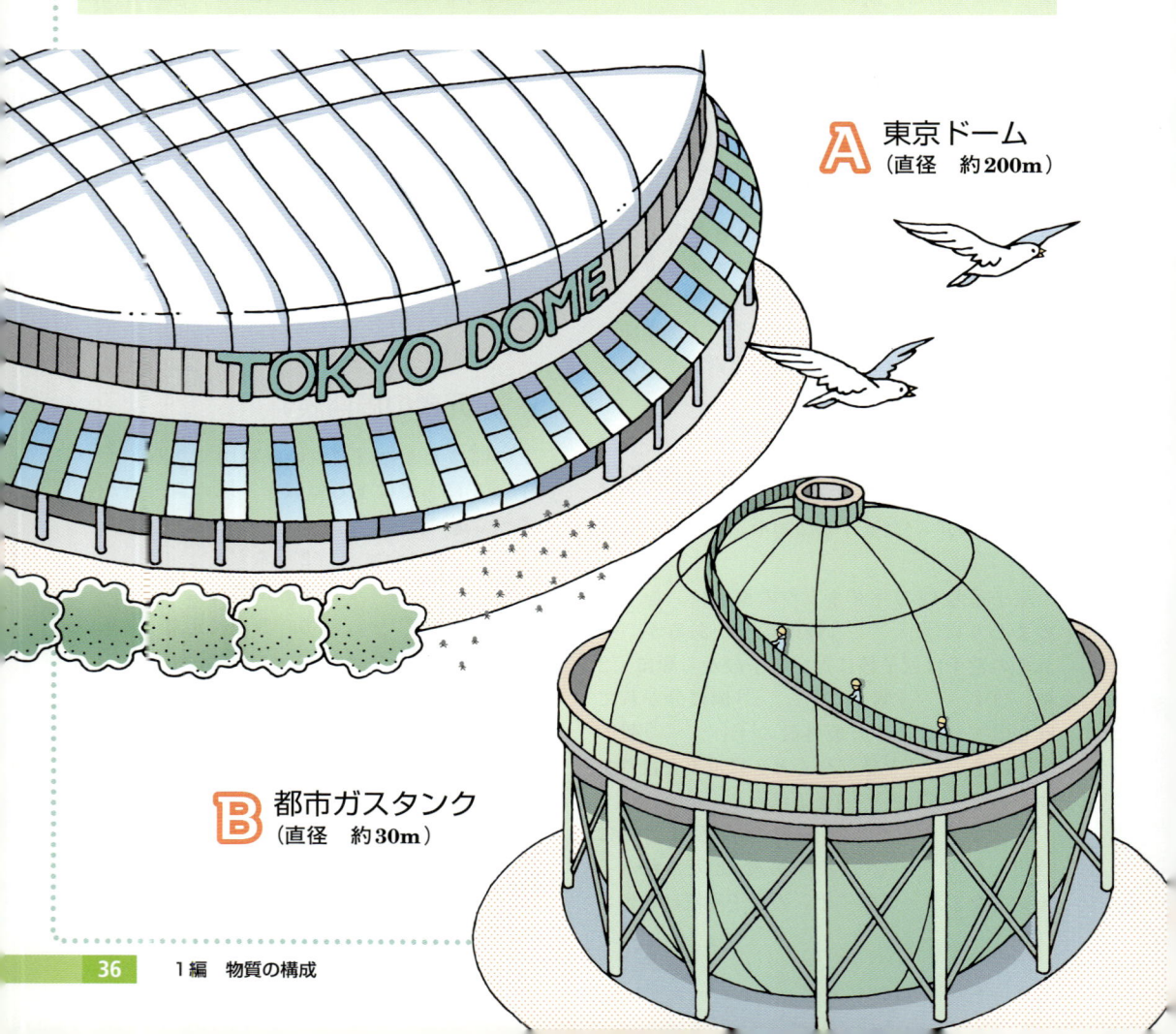

A 東京ドーム（直径 約200 m）

B 都市ガスタンク（直径 約30 m）

© 熱気球
（直径 約15m）

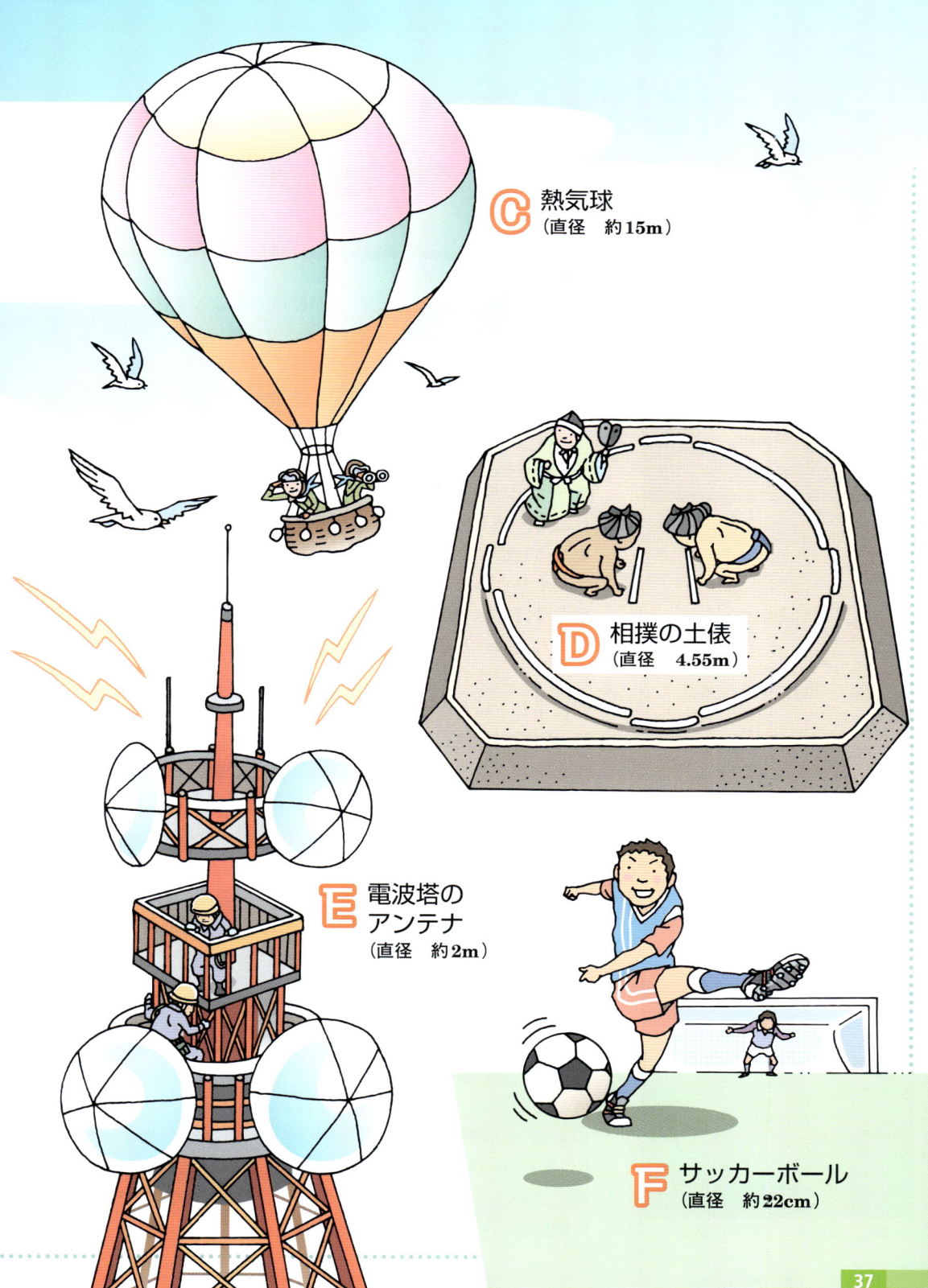

Ⓓ 相撲の土俵
（直径 4.55m）

Ⓔ 電波塔の
アンテナ
（直径 約2m）

Ⓕ サッカーボール
（直径 約22cm）

3章 化学結合

1 イオン結合

原子どうしやイオンどうしが結びつくことを**化学結合**という。化学結合は，結合のしかたの違いによって，イオン結合，共有結合，金属結合などに分けられる。

1 イオンどうしの結びつき

イオン結合 加熱したナトリウムNaを塩素Cl_2中に入れると，激しく反応して塩化ナトリウムNaClの白煙が生成する(図1)。このとき，Na原子は価電子1個を放出してナトリウムイオンNa^+になり，Cl原子は最外殻に電子1個を受けとって塩化物イオンCl^-となる(図2)。

生じたNa^+とCl^-は，**静電気的な引力(クーロン力)**[※1]によって引き合う。このような，陽イオンと陰イオンとの間に生じる結合を**イオン結合**という。

イオン結合でできた化合物 一般に，**陽性が強い**(陽イオンになりやすい)**金属元素**と，**陰性が強い**(陰イオンになりやすい)**非金属元素との組み合わせ**でできる化合物は，イオン結合からなる化合物と考えてよい。

図1. 塩素とナトリウムの反応
$2Na + Cl_2 \longrightarrow 2NaCl$

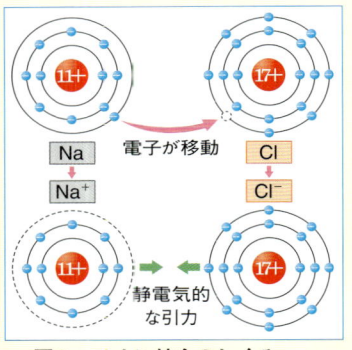

図2. イオン結合のしくみ

○1. 電荷をもった粒子間には，符号が異なれば引力，同じならば反発力がはたらく。

ポイント　イオン結合…陽イオンと陰イオンの間の静電気的な引力(クーロン力)による結合

2 塩化ナトリウムの正体(しょうたい)を探る

イオン結晶 濃い塩化ナトリウム水溶液(食塩水)を放置しておくと，立方体の結晶が得られる。塩化ナトリウムの結晶は，同数のナトリウムイオンNa^+と塩化物イオンCl^-とが互いに引き合って，規則正しく配列したものである。このように，**陽イオンと陰イオンがイオン結合で交互に規則正しく配列**してできた結晶を**イオン結晶**という。

図3. 塩化ナトリウムの結晶

❸ イオンからなる物質の表し方は

■ **組成式** イオンからなる物質は，**イオンの種類と数の比（割合）を最も簡単な整数の比で示した組成式**で表す。

一般に，イオン結晶では，多数の陽イオンと陰イオンが正・負の電荷を打ち消し合うような割合で結合しており，**結晶全体としては電気的に中性**で，次の関係が成り立つ。

> **ポイント**
> $$\begin{pmatrix}陽イオン\\の価数\end{pmatrix} \times \begin{pmatrix}陽イオン\\の数\end{pmatrix} = \begin{pmatrix}陰イオン\\の価数\end{pmatrix} \times \begin{pmatrix}陰イオン\\の数\end{pmatrix}$$

■ **陽イオンと陰イオンの数の比（割合）の求め方**

上式を変形すると，次の関係が得られる。

> **ポイント**
> $$\begin{pmatrix}陽イオン\\の数\end{pmatrix} : \begin{pmatrix}陰イオン\\の数\end{pmatrix} = \begin{pmatrix}陰イオン\\の価数\end{pmatrix} : \begin{pmatrix}陽イオン\\の価数\end{pmatrix}$$

例えば，マグネシウムイオン Mg^{2+} と塩化物イオン Cl^- の場合，イオンの価数の比は $Mg^{2+} : Cl^- = 2 : 1$ なので，イオンの数の比は $Mg^{2+} : Cl^- = 1 : 2$ となる。

✿2. つまり，陽イオンと陰イオンの数の比（割合）を求めるときは，陽イオンと陰イオンの価数の比の前項と後項を逆にすればよい。

■ **組成式の書き方**

1 陽イオン→陰イオンの順に電荷を省略して並べ，その数の比を表す数（1は省略）を右下に書く。

2 多原子イオンの数が2以上になるときは，（　）でくくり，その数を右下に書く。

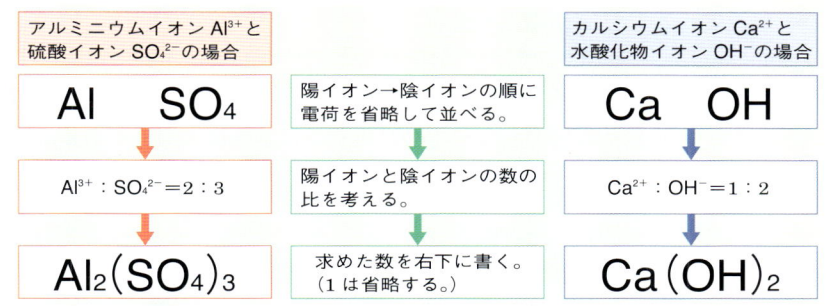

アルミニウムイオン Al^{3+} と硫酸イオン SO_4^{2-} の場合		カルシウムイオン Ca^{2+} と水酸化物イオン OH^- の場合
Al　SO₄	陽イオン→陰イオンの順に電荷を省略して並べる。	Ca　OH
$Al^{3+} : SO_4^{2-} = 2 : 3$	陽イオンと陰イオンの数の比を考える。	$Ca^{2+} : OH^- = 1 : 2$
$Al_2(SO_4)_3$	求めた数を右下に書く。（1は省略する。）	$Ca(OH)_2$

図4．組成式の書き方

■ **組成式の読み方**

陰イオン→陽イオンの順に，「イオン」，「物イオン」を省略して読む。ただし，数は読まない。

> **ポイント**
> 組成式の**書き方**…**陽イオン→陰イオン**の順に。
> 組成式の読み方…陰イオン→陽イオンの順に。

$Ca(OH)_2$
カルシウムイオン　水酸化物イオン
水酸化カルシウム

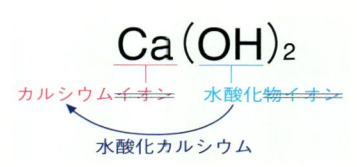

図5．組成式の読み方

3章　化学結合

2 イオン結晶

1 イオン結晶を探ると

■ イオン結晶の性質

1. イオン結合の結合力は強いので，結晶の融点が高い。
2. 結晶（固体）は電気を通さないが，液体や水溶液にすると電気を通す。
3. 水に溶けやすいものが多い。[1]
4. 一般に硬いが，強くたたくと一定方向に割れる（図1）。

★1. 塩化銀 AgCl，硫酸バリウム $BaSO_4$，炭酸カルシウム $CaCO_3$ のように，水に溶けにくいものもある。

のみとハンマーで塩化ナトリウム NaCl の結晶をたたく。

上面や側面と垂直な面に沿って割れる。

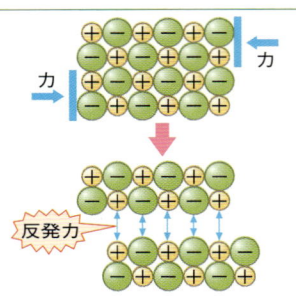

外力によってイオンの位置がずれると，同種のイオンどうしが向き合って反発し合うため，結晶は一定方向に割れる（へき開性）。

図1．イオン結晶のへき開性

★2. これは，融解や水への溶解によってイオンが自由に動き回れるようになるためである。

ポイント イオン結晶の性質
1. 融点が高い。
2. 固体は電気を通さないが，融解液や水溶液は電気を通す。[2]

■ イオン結晶の融点の高低
イオン間にはたらく静電気的な引力（クーロン力）の強さには，次の関係がある。[3]

1. 陽イオンと陰イオンの価数が大きいほうが，クーロン力が強い。
2. 価数が同じ場合，イオン間の距離，つまり，イオン半径が小さいほうが，クーロン力が強い。

★3. クーロン力の強さ f は，イオンの電荷 q_1, q_2 の積に比例し，イオン間の距離 r の2乗に反比例する。

$$f = k \cdot \frac{q_1 \cdot q_2}{r^2} \quad (k は比例定数)$$

ハロゲン化ナトリウムの融点を比較すると，ハロゲン化物イオンの半径が大きいほど，**2**の影響により，融点は低くなる（図2）。

また，ハロゲン化ナトリウムと2族元素の酸化物の融点を比較すると，主として**1**の影響により，2族元素の酸化物の融点はかなり高くなる（図2）。

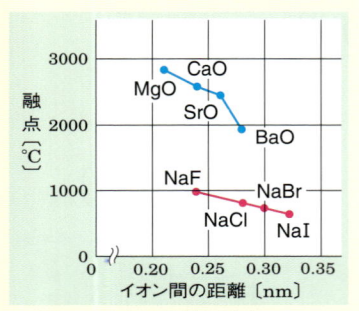

図2．イオン結晶の融点

2 イオン結晶の構造　発展

■ **イオン結晶**　塩化ナトリウム NaCl の結晶は，正の電荷をもつナトリウムイオン Na^+ と負の電荷をもつ塩化物イオン Cl^- が交互に規則正しく積み重なっている（図3）。

このような，イオン結合でできた結晶を**イオン結晶**という。

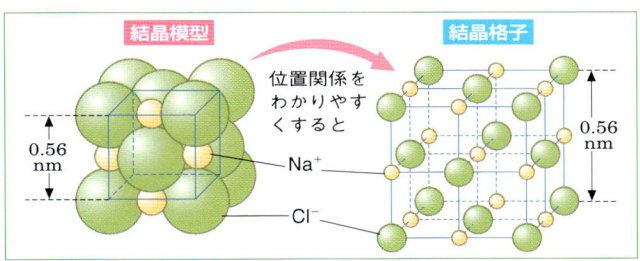

図3．塩化ナトリウム NaCl の結晶構造

■ **結晶格子**　一般に，結晶を構成する粒子の配列構造を示したものを**結晶格子**といい，その最小の繰り返し単位を**単位格子**という（図4）。代表的なイオン結晶の単位格子には，次の2種類がある（図5）。

塩化ナトリウム（NaCl）型
$\frac{1}{8}$個　$\frac{1}{4}$個　$\frac{1}{2}$個

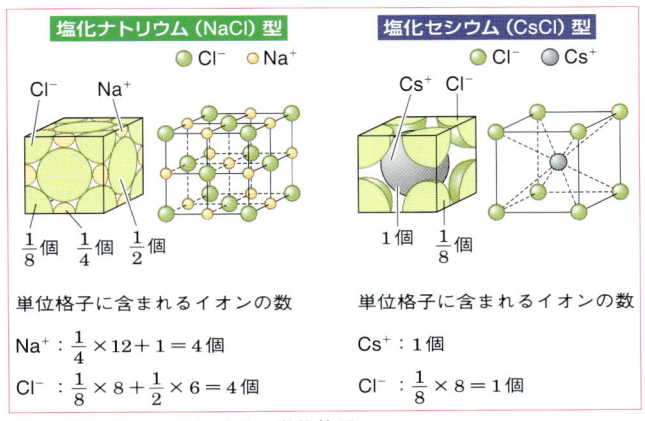

単位格子に含まれるイオンの数
$Na^+ : \frac{1}{4} \times 12 + 1 = 4$ 個
$Cl^- : \frac{1}{8} \times 8 + \frac{1}{2} \times 6 = 4$ 個

塩化セシウム（CsCl）型
1個　$\frac{1}{8}$個

単位格子に含まれるイオンの数
$Cs^+ : 1$ 個
$Cl^- : \frac{1}{8} \times 8 = 1$ 個

図5．代表的なイオン結晶の単位格子

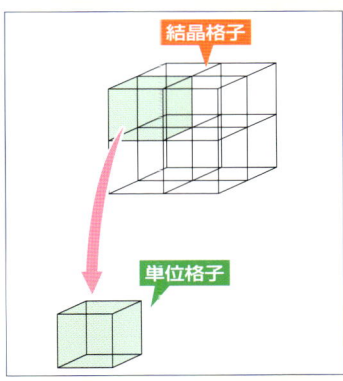

図4．結晶格子と単位格子の関係

■ **配位数**　イオン結晶では，あるイオンをとり囲む反対符号のイオンの数を**配位数**という。

NaCl 型の結晶では，中心にある Na^+ は6個の Cl^- にとり囲まれているから，配位数は6である。また，CsCl 型の結晶では，中心の Cs^+ は8個の Cl^- でとり囲まれているから，配位数は8である。

どちらの結晶構造をとるかは，構成する陽イオンと陰イオンの半径の比などで決まる。★4

★4. Na^+ よりも Cs^+ のほうがイオン半径が大きいので，より多くの Cl^- がそのまわりをとり囲むことができる。つまり，配位数は大きくなる。

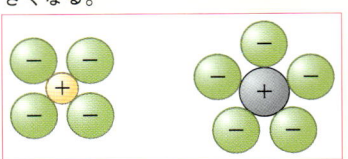

3章　化学結合

3 共有結合

1 電子はペアを組みやすい

■ **電子対と不対電子**　最も外側の電子殻に存在する**最外殻電子**✲¹には，2個で対をなして安定化しているものと，そうでないものがある。対になった電子を**電子対**といい，対になっていない電子を**不対電子**という。

電子には，対になったとき安定になるという性質がある。希ガスの原子では，すべての最外殻電子が電子対をつくっているため，その電子配置は特に安定である。

■ **電子式**　元素記号のまわりに最外殻電子を点・で表した化学式を**電子式**という。電子式は，不対電子と電子対を区別し，次のような規則にしたがって表す。

1 元素記号の上下左右に4つの電子軌道を考える。

2 4個目までは，電子は別々の電子軌道に入れる（すべて不対電子となる）。

3 5個目からは，電子は対をつくるようにいずれかの電子軌道に入れる。✲²

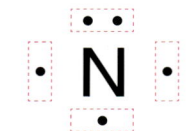

図1．窒素原子の電子式
（ ┆┆ は電子軌道を表す。）

✲ 1. 最外殻電子は，原子がほかの原子と化学結合する際に重要なはたらきをするので，**価電子**ともいう。ただし，希ガスの原子については，ほかの原子と化学結合しにくいので，価電子の数を0とみなす（→ p.27）。

✲ 2. 4つの電子軌道は等価である。したがって，酸素原子Oの電子式は，必要に応じて・Ö・と :Ö・のどちらで表してもよい。

族	1	2	13	14	15	16	17	18
電子式	Li·	Be·	·B·	·C·	·N·	·O:	:F:	:Ne:
	Na·	Mg·	·Al·	·Si·	·P·	·S:	:Cl:	:Ar:

表1．原子の電子式（第2周期・第3周期の元素）

2 2個の水素原子が近づくと…

■ **共有結合と分子の形成**　2個の水素原子Hが近づき，電子殻（K殻）の一部が重なり合うようになると，各原子の電子は相手の原子核からも引力を受けるようになる。✲³このとき，重なり合った電子殻の中では電子対が形成され，2つのH原子はこの電子対を共有することで強く結合し，水素分子H_2を形成する（図2）。このとき，それぞれのH原子は，希ガスのヘリウム原子Heに似た安定な電子配置をとっている。

✲ 3. このとき，原子核（＋）と電子（－）の引力が原子核どうしの反発力を上回り，2個の原子核を結びつけようとする力が生じている。

このように，原子どうしが不対電子を1個ずつ出し合い，生じた電子対を互いに共有してできる結合を**共有結合**という。また，原子間で共有された電子対を**共有電子対**という。共有結合は，おもに非金属元素の原子間でつくられる結合である。

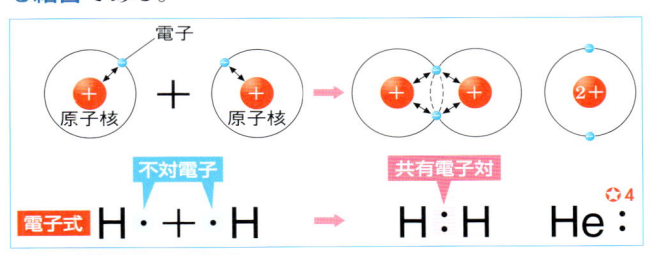

図2．水素分子H_2の形成

◯4. ヘリウムHeは電子軌道を1個しかもたないので，電子式は・He・ではなく，He：と表す。

ポイント
共有結合は，希ガス以外の非金属元素の原子が，最外殻に不足している電子を補うように，互いの不対電子を共有することで形成される結合である。

■ **水分子の形成**　共有結合は，同種の原子間だけでなく，異種の原子間でも生じる。例えば，水分子H_2Oの場合，酸素原子Oの価電子6個のうち2個が不対電子で，1個の不対電子をもつ水素原子H2個と共有結合をつくっている（図3）。

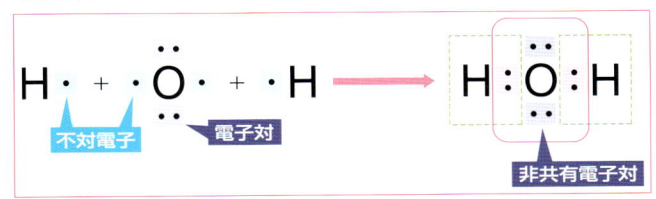

図3．水分子H_2Oの形成
水素原子HはヘリウムHe，酸素原子OはネオンNeと同じ電子配置になっている。

このとき，O原子に残った2組の電子対は，共有結合には関与していない。このように，はじめから電子対になっていて，原子間で共有されていない電子対を**非共有電子対**という。

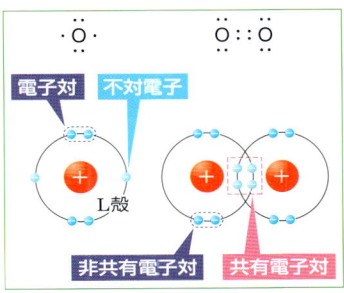

図4．酸素原子・酸素分子の価電子と電子式

ポイント
電子対…………対をなして安定化している電子
不対電子………対にならずに単独で存在する電子
共有電子対……原子間で共有されている電子対
非共有電子対…原子間で共有されていない電子対

3章　化学結合　43

③ 分子式とは

■ **分子式** 分子を最も簡単に表すには，分子を構成する原子の種類と数を表した**分子式**という化学式を用いる。分子式は，原子の種類を元素記号で示し，右下に原子の数（1は省略）を書く。

■ **分子の種類** He，Neなど希ガスの原子は，電子配置が安定で単独で存在するため，分子ともみなされ，**単原子分子**という。2個の原子からなる分子を**二原子分子**，3個以上の原子からなる分子を**多原子分子**という。

※5. HCl塩化水素，H_2S硫化水素のように，後ろの元素名の「素」を「化」に変え，前の元素名を読む。ただし，同じ元素からなる複数の化合物（CO，CO_2など）の名称は，原子の数をつけて区別する。

④ 共有結合の表し方

■ **構造式** 共有結合において，1組の共有電子対を1本の線（**価標**という）で表し，非共有電子対を省略して表すことがある。このような，**価標を用いて原子間の結合のしかたを表した化学式**を**構造式**という。

■ **原子価** 各原子から出る価標の数を，その原子の**原子価**という。原子価はその原子がもつ不対電子の数に等しい。

1価	2価	3価	4価
H-　F- Cl-	-O-　-S-	-N-　-P-	-C-　-Si-

■ **構造式の書き方** 原子価は，その原子のもつ「結合の手」と考えてもよい。したがって，各原子の原子価をすべて使い切るように原子を組み合わせる。

$$H- \ -O- \ -H \longrightarrow H-O-H$$

※6. 分子式，イオン式，組成式，構造式，電子式などを総称して，**化学式**という。物質の化学組成を元素記号で表した式という意味である。

■ **電子式の書き方** 各原子が不対電子を共有し，電子対をつくることで，共有結合ができる。したがって，分子の電子式は次のように書く。
① 各原子の電子式（→p.42）を書く。
② 不対電子を出し合って，共有電子対をつくる。

$$:\ddot{O}\cdot\ \cdot\ddot{O}: \longrightarrow :\ddot{O}::\ddot{O}:$$

※7. 構造式は分子中の各原子のつながり方を示すもので，分子の立体的な形まで表すわけではない。したがって，水分子H_2Oの構造式は，次のどれでもよい。

| H-O-H　O-H　　O
　　　　　H　　H H |

■ **共有結合の種類**
- **単結合**……共有電子対が1組，**価標1本**の共有結合。
- **二重結合**…共有電子対が2組，**価標2本**の共有結合。
- **三重結合**…共有電子対が3組，**価標3本**の共有結合。

※8. 四重結合は存在しない。したがって，炭素分子C_2（C≡C）は存在しない。

■ 電子式から構造式のつくり方
1 非共有電子対は，すべて省略する。
2 共有電子対の1組（:）を，価標（-）1本で表す。
例 二酸化炭素の電子式 :Ö::C::Ö: を構造式で表す。
　1 非共有電子対を省略する。　O::C::O
　2 共有電子対を価標に直す。　O=C=O

■ 構造式から電子式のつくり方
1 価標（-）1本を，共有電子対の1組（:）で表す。
2 各原子の周囲に8個の電子（H原子は2個）が並ぶように不足する電子を非共有電子対（:）として加える。
例 窒素の構造式N≡Nを電子式で表す。
　1 価標を共有電子対に直す。　N:::N
　2 非共有電子対を書き加える。　:N:::N:

9. 分子を構成するすべての原子は，希ガスの原子と同じ安定な電子配置をとっている。

【例題】 構造式と電子式
硫化水素の分子式H_2Sを，構造式と電子式で表せ。

【解説】 原子価（H原子は1，S原子は2）をすべて組み合わせる。このとき，分子の形まで考慮する必要はない。
　次に，価標を共有電子対に直し，さらに，S原子のまわりに電子が8個並ぶように非共有電子対を加える。
【答】 構造式…H-S-H　電子式…H:S̈:H

代表的な分子ばかり。
形も一緒に覚えよう。

5 分子の構造

■ 分子の形　分子の立体構造は，分子を構成する原子，および結合の種類によって決まる。分子は，直線形，折れ線形，三角錐形，正四面体形など，固有の立体構造をもつ。

	塩化水素	水	アンモニア	メタン	二酸化炭素	窒素
分子式	HCl	H_2O	NH_3	CH_4	CO_2	N_2
電子式	H:C̈l:	H:Ö:H	H:N̈:H H	H:C:H H H	:Ö::C::Ö:	:N:::N:
構造式	H-Cl	H-O-H	H-N-H 　| 　H	H | H-C-H | H	O=C=O	N≡N
分子模型						
分子の形	直線形	折れ線形	三角錐形	正四面体形	直線形	直線形

表2．いろいろな分子の電子式，構造式，立体構造

4 共有結合の結晶と配位結合

1 ダイヤモンドは共有結合のかたまり

■ **共有結合の結晶** 14族の炭素C，ケイ素Siのように，原子価の大きい原子は，多数の原子が共有結合だけで結びついて結晶を形成する。このような結晶を **共有結合の結晶** という。共有結合の結晶は，**結晶全体を1つの巨大な分子と考えることができる**。共有結合の結晶には，ダイヤモンドC，黒鉛C，ケイ素Si（図1）のほか，二酸化ケイ素SiO_2（図2），炭化ケイ素SiCなどがある。これらの物質の化学式は，いずれも組成式で表す。

図1．シリコン（Siの結晶）

図2．水晶（SiO_2の結晶）

✿1．黒鉛は例外で，電気をよく通す。

■ **共有結合の結晶の性質** 共有結合の結合力は非常に強い。したがって，次のような性質をもつ。
1 硬く，融点がきわめて高い。
2 水に溶けにくく，電気を通さないものが多い。✿1

■ **ダイヤモンド** 各炭素原子は4個の価電子を使って隣り合う4個の炭素原子と共有結合している。**正四面体を基本単位とする立体網目構造** を形成し，非常に硬く，電気を通さない。ダイヤモンド型の結晶構造をもつ物質には，ケイ素Si，炭化ケイ素SiCなどがある。

■ **黒鉛** 各炭素原子は3個の価電子を使って隣り合う3個の炭素原子と共有結合している。**正六角形を基本単位とする平面層状構造** を形成し，この層状構造どうしは比較的弱い分子間力で積み重なっているだけなので，薄くはがれやすく，軟らかい。また，残る1個の価電子は層状構造に沿って動くことができるので，電気をよく通す。

> **ポイント**
> ダイヤモンド…立体網目構造，**硬い**，**不導体**
> 黒鉛……………平面層状構造，**軟らかい**，**良導体**

ダイヤモンド
各炭素原子は4個の価電子を共有結合に使い，立体網目構造をつくる。電気を通さない。
0.154nm

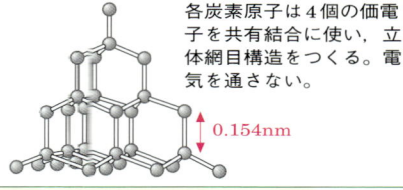

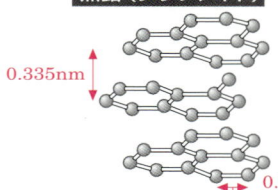

黒鉛（グラファイト）
各炭素原子は3個の価電子を共有結合に使い，平面層状構造をつくる。平面どうしは弱い分子間力で引き合う。電気をよく通す。
0.335nm
0.142nm

図3．ダイヤモンドと黒鉛の構造の違い

2 配位結合ができるしくみ

■ **配位結合** 各原子が互いに不対電子を共有し合うのではなく，一方の原子の非共有電子対が他方の原子に提供されてできる共有結合を，特に**配位結合**という。[2]

例えば，アンモニア分子NH_3中の窒素原子Nの非共有電子対が水素イオンH^+に提供されると，アンモニウムイオンNH_4^+が生成する。同様に，水分子H_2OがH^+と配位結合すると，オキソニウムイオンH_3O^+が生じる(図4)。

配位結合と共有結合は結合のでき方が異なるだけで，できた結合はまったく同じで，区別することができない。[3] したがって，**配位結合は共有結合の一種とみなされる**。

■ **錯イオン** 非共有電子対をもつ分子や陰イオンが金属イオンに配位結合して生じた多原子イオンを，**錯イオン**という。なお，金属イオンに配位結合した分子や陰イオンを**配位子**，その数を**配位数**という。

■ **錯イオンの化学式と名称**

1. 錯イオンの化学式は，中心金属，配位子，配位数の順に書き，[ ]をつけて電荷も示す。
2. 錯イオンの名称は，配位数(ギリシャ語の数詞)，配位子名，中心金属名(酸化数もローマ数字で記す)の順に並べる。
3. 錯イオンが陽イオンのときは「〜イオン」，陰イオンのときは「〜酸イオン」とする。

※ **2.** 配位結合が含まれることを構造式で強調したいとき，非共有電子対が提供された向きに矢印(→)をつけて表すことがある。例えば，アンモニウムイオンNH_4^+は次のように表す。

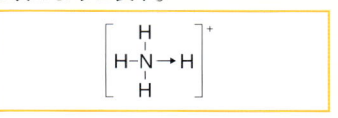

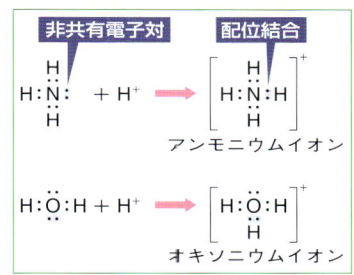

$$\left[\begin{array}{c} H \\ H-N \rightarrow H \\ H \end{array} \right]^+$$

図4. 配位結合の形成

※ **3.** 新しくできたN-Hの結合と，もとからあるN-Hの結合は，結合距離，結合の強さなどがまったく同じである。

表1. おもな配位子

配位子	アンモニア	水	シアン化物イオン	塩化物イオン	水酸化物イオン
化学式	NH_3	H_2O	CN^-	Cl^-	OH^-
配位子名	アンミン	アクア	シアニド	クロロ	ヒドロキシド

表2. 配位数を表す数詞

配位数	2	4	6
ギリシャ語の数詞	ジ	テトラ	ヘキサ

■ **錯イオンの立体構造** 発展 金属イオンの種類や配位数によって，錯イオンの立体構造が決まる(図5)。

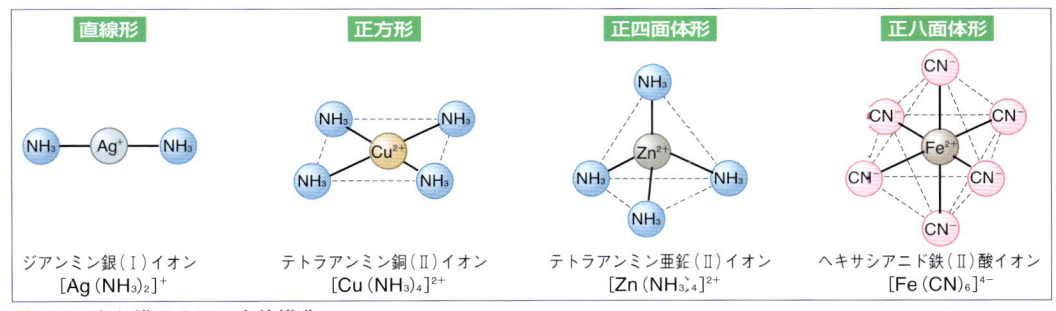

直線形
ジアンミン銀(I)イオン
$[Ag(NH_3)_2]^+$

正方形
テトラアンミン銅(II)イオン
$[Cu(NH_3)_4]^{2+}$

正四面体形
テトラアンミン亜鉛(II)イオン
$[Zn(NH_3)_4]^{2+}$

正八面体形
ヘキサシアニド鉄(II)酸イオン
$[Fe(CN)_6]^{4-}$

図5. おもな錯イオンの立体構造

5 分子の極性

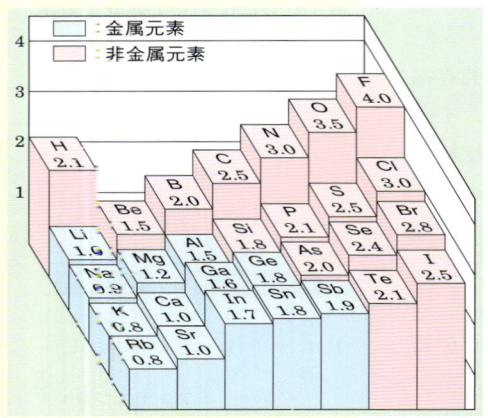

図1. 典型元素の電気陰性度（ポーリングの値）

✿1. 電気陰性度は，陰性の強い元素ほど大きくなる。

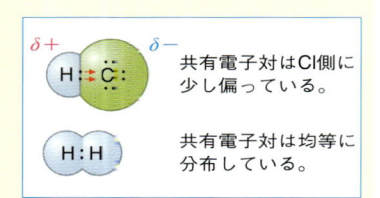

図2. 結合の極性

✿2. 結合に極性を生じることを，**分極**という。

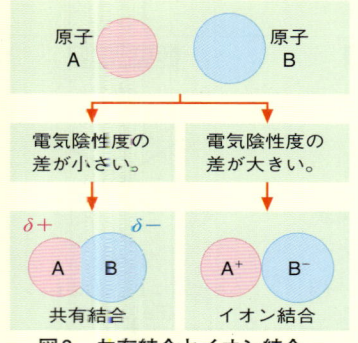

図3. 共有結合とイオン結合

1 電気陰性度は何の目安か

■ **電気陰性度**　塩化水素HCl分子では，共有電子対が塩素原子Clのほうへ少し偏っているのはなぜだろうか。

共有結合した2つの原子間で，**各原子が共有電子対を引き寄せる強さを数値で表したものを電気陰性度**という。典型元素では，周期表で左下にある元素ほど小さく，**右上にある元素ほど大きい**という傾向がある。また，フッ素F，酸素O，窒素N，塩素Clは，特に大きな値をとる。なお，希ガスは共有結合をつくらないので，電気陰性度の値は定義されない（図1）。

■ **結合の極性**

1　異種の原子間の共有結合では，共有電子対は電気陰性度の大きい原子のほうへ引き寄せられる。例えば，塩化水素分子HClでは，共有電子対は塩素原子Clのほうへ引き寄せられ，Cl原子はわずかに負の電荷（$\delta -$），水素原子Hはわずかに正の電荷（$\delta +$）を帯びる（図2）。

　このように原子間に電荷の偏りがある場合，**結合に極性がある**という。

2　水素H_2，塩素Cl_2のような同種の原子間の共有結合では，共有電子対はどちらの原子にも偏ることなく，均等に分布している（図2）。したがって，**結合に極性はない**。

3　2つの**原子間の電気陰性度の差が大きいほど，結合の極性は大きくなる**。例えば，H-Nの結合では電気陰性度の差は0.9，H-Oの結合では1.4であるから，H-Oの結合のほうがH-Nの結合よりも結合の極性が大きい。

■ **電気陰性度の差と結合の種類**　ポーリング（アメリカ）の考えによると，電気陰性度の差が1.7より小さいときは共有結合性のほうがイオン結合性よりも大きく，差が1.7より大きいときはイオン結合性のほうが共有結合性よりも大きくなる。また，電気陰性度の差が2.0を超えると，その結合はほぼイオン結合とみなしてよい。

2 極性分子と無極性分子の違い

■ **二原子分子の極性** 水素 H_2 や塩素 Cl_2 のような同種の原子からなる二原子分子では，結合に極性がなく，分子全体でも極性をもたない。このような分子を**無極性分子**という。一方，塩化水素 HCl やフッ化水素 HF のような異種の原子からなる二原子分子では，結合に極性があり，分子全体でも極性をもつ。このような分子を**極性分子**という。

■ **多原子分子の極性** 3原子以上からなる多原子分子の場合は，分子の立体的な形を見て，極性分子か無極性分子かを判断する。1つ1つの結合に極性があっても**分子全体として結合の極性が打ち消し合うと無極性分子となり，打ち消し合わないと極性分子となる**（図4）。

1. **二酸化炭素 CO_2 の場合** C=O 結合には極性があるが，分子の形が**直線形**のため，2つの C=O 結合の極性は互いに打ち消され，分子全体では**無極性分子**になる。

2. **水 H_2O の場合** O-H 結合には極性があるが，分子の形が**折れ線形**のため，2つの O-H 結合の極性が互いに打ち消し合うことはなく，分子全体では**極性分子**になる。

3. **四塩化炭素 CCl_4 の場合** C-Cl 結合には極性があるが，分子の形が**正四面体形**のため，4つの C-Cl 結合の極性は互いに打ち消され，分子全体では**無極性分子**になる。

■ **無極性分子** ➡ 単体，対称構造の多原子分子の化合物
■ **極性分子** ➡ 二原子分子の化合物，非対称構造の多原子分子の化合物

極性の有無は，分子の立体的な構造が大きく関係しているんだね。

ポイント
二原子分子 { 同種の原子（単体） ⇒ 無極性分子
　　　　　 { 異種の原子（**化合物**） ⇒ 極性分子
多原子分子 { 直線形，正四面体形 ⇒ 無極性分子
　　　　　 { **折れ線形，三角錐形** ⇒ 極性分子

✿3. 正六角形のベンゼン，長方形のエチレンも無極性分子である。

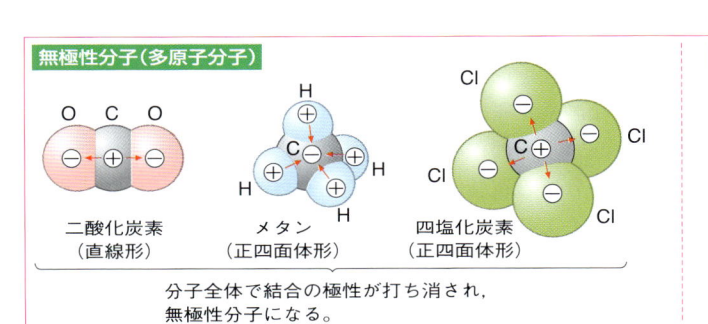

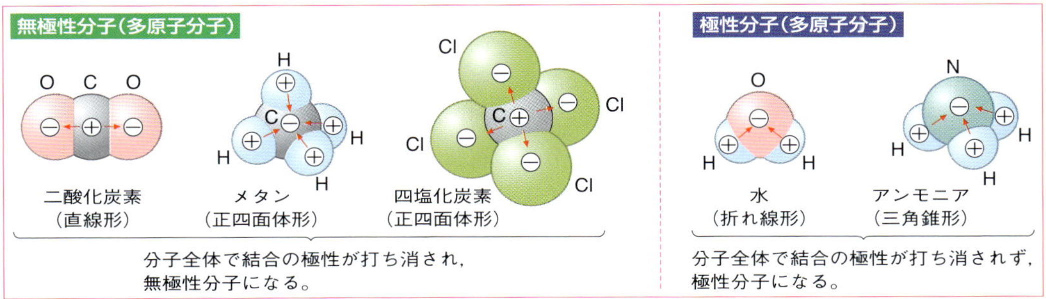

無極性分子（多原子分子）
二酸化炭素（直線形）
メタン（正四面体形）
四塩化炭素（正四面体形）
分子全体で結合の極性が打ち消され，無極性分子になる。

極性分子（多原子分子）
水（折れ線形）
アンモニア（三角錐形）
分子全体で結合の極性が打ち消されず，極性分子になる。

図4．分子の形と極性（→は結合の極性の向きを示す）

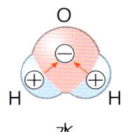

3章 化学結合

6 分子間力と水素結合

1 分子間にはたらく力は

■ **分子間力** 二酸化炭素CO_2の気体を−80℃近くに冷却すると，固体のドライアイスになる。これは，冷却によって，ばらばらになっていた分子がしだいに集まってくるからである。このとき，分子どうしの間にはある種の引力がはたらく。この分子間にはたらく弱い引力を**分子間力**という。分子間力には，極性・無極性を問わず，すべての分子間にはたらく**ファンデルワールス力**と，ある特別な分子の間にはたらく**水素結合**（→p.51）がある。

■ **分子結晶** 冷却剤として使われるドライアイスは，多数のCO_2分子が集まってできた結晶（図1）である。このように，分子が分子間力により規則的に配列してできた結晶を**分子結晶**という。ヨウ素I_2やナフタレン$C_{10}H_8$なども代表的な分子結晶である。一般に，共有結合でできた分子は，冷やして凝固させると，分子結晶となる。

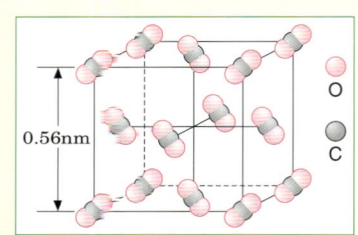

図1．二酸化炭素の結晶格子（上）とドライアイス（下）

■ **分子結晶の性質**

1. 分子間力は弱いため，軟らかく，融点・沸点も低い。昇華しやすい性質（**昇華性**）をもつものもある。
2. 分子は電荷をもたないので，結晶でも，加熱して液体にしても，電気を通さない。

○1. 気体の窒素N_2を冷却すると，−196℃で液体，−210℃で固体になる。こうしてできたN_2の固体は，分子結晶である。

2 分子間力と分子の質量の関係は

■ **分子間力と融点・沸点** 図2のように，ハロゲンの単体の沸点は，分子の質量が大きくなるほど高い。希ガスについても同様のことがいえる。これは，分子の質量が大きいほど分子間力が強くなり，分子どうしを引き離すのに大きなエネルギーが必要となるためである。また，分子間力は，分子内の電荷の偏りが原因となって生じる力であるため，分子の質量が同程度であれば，極性分子のほうが無極性分子よりも分子間力は強くなり，沸点は高くなる。

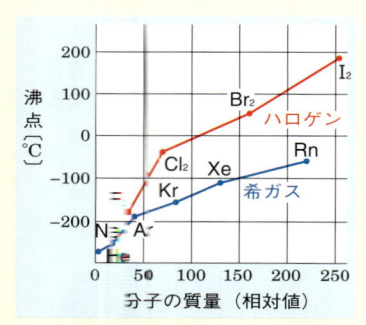

図2．分子の質量と沸点の関係

○2. 酸素O_2と硫化水素H_2Sの分子の質量はほぼ等しいが，沸点は，無極性分子のO_2（−183℃）よりも極性分子のH_2S（−61℃）のほうがかなり高い。

ポイント 構造の似た分子性物質（分子からなる物質）では，**分子の質量が大きいほど，融点・沸点が高い。**

3 フッ化水素の沸点はなぜ高い 発展

■ **フッ化水素の沸点の異常性** 図3に，分子構造の似たハロゲン化水素の沸点を示す。塩化水素HCl，臭化水素HBr，ヨウ化水素HIでは，分子の質量が大きくなるにしたがって沸点が高くなる。この傾向から，分子の質量が最小のフッ化水素HFの沸点は約-90℃と予想されるが，実際にはずっと高い値(20℃)を示すのはなぜだろうか。

■ **極性分子と水素結合** HF，HCl，HBr，HIはすべて極性分子であるが，フッ素Fの電気陰性度はハロゲンの中で最も大きい。したがって，HF分子中の共有電子対はフッ素原子側に強く引き寄せられ，F原子はより強い負の電荷($\delta-$)，水素原子Hはより強い正の電荷($\delta+$)を帯びる。HF分子どうしが近づくと，一方の分子の正の電荷を帯びたH原子と，もう一方の分子の負の電荷を帯びたF原子が静電気的な力で引き合う。そして，図4のように，H原子が橋渡しするような形で，何個かの分子がつながり合う。

このような，水素原子を仲立ちとした分子間の結合を水素結合といい，通常-----と表記する。

■ **水素結合をつくる分子** 水素原子Hと電気陰性度の特に大きい原子(F，O，N)の結合をもつ分子に限られる。

フッ化水素HF，水H_2O，アンモニアNH_3のほか，アルコールR-OH，カルボン酸R-COOHも水素結合をつくる。 ✽3

■ **水素結合の強さ** 水素結合は，化学結合(イオン結合，共有結合，金属結合)よりは弱い結合であるが，ファンデルワールス力よりもかなり強い結合である。

> **ポイント**
> HF，H_2O，NH_3などは，分子間に水素結合を形成するので，融点・沸点が異常に高い。

4 水の特異性は水素結合が原因 発展

■ 水はわれわれにとって最も身近な物質であるが，さまざまな特異性をもつ。多くの物質では，液体から固体になるときその体積が減少するが，水の場合，氷になると10%も体積が増加する。これは，水が氷になると図5に示すようなダイヤモンドの構造に似たすき間の多い結晶構造になるためである。逆に，氷がとけて水になると，すき間に水分子が入りこむので体積が減少し，密度は大きくなる。

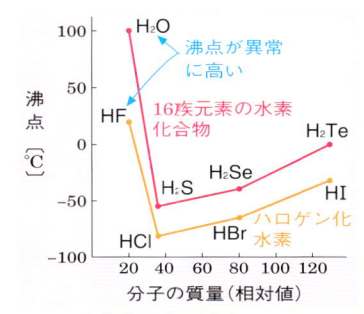

図3．水素化合物の沸点

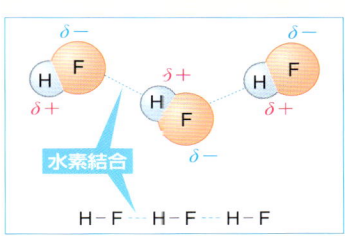

図4．フッ化水素分子で見られる水素結合

✽3. 水素結合は，生命現象を支えるデンプン，タンパク質，核酸などの物質の性質にも深く関係している。

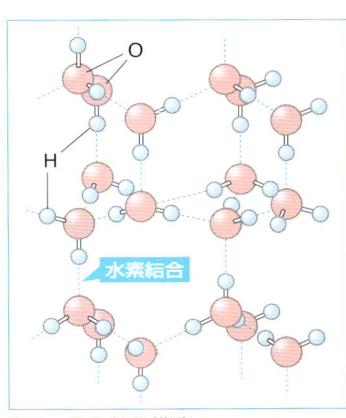

図5．氷の結晶構造

3章 化学結合

7 金属結合と金属の特性

1 金属は無数の金属原子の集まり

■ **金属結合** 銅Cuや鉄Fe，ナトリウムNaなどの金属の結晶は，無数の金属原子が結合してできたものである。金属原子が集まると，各原子の最も外側の電子殻は，互いに一部が重なり合ったような形でつながる。このため，金属原子の価電子は，この重なり合った電子殻を伝わって自由に移動できるようになる。このような電子を自由電子という。つまり，各原子の価電子は，共有結合のように特定の原子間だけに固定されているのではなく，金属中のすべての原子に共有されていると考えることができる。

このような，自由電子を仲立ちとした金属原子どうしの結合を金属結合という（図1）。

図1．金属結合のモデル

> **ポイント**
> 金属結合…自由電子をすべての原子が共有し合う結合。
> 自由電子…金属中を自由に移動できる価電子。

■ **金属の特性** 金属は，自由電子による金属結合でできているため，ほかの物質と異なる特徴的な性質をもつ。

1 電気や熱をよく導く 電気や熱の伝導性が大きいのは自由電子が金属内を自由に移動できるからで，銀Agや銅Cu，アルミニウムAlなどは特に電気をよく導く（図2）。

2 展性や延性が大きい 展性[1]（たたくと薄く広がる性質）や延性[1]（引っぱると長く延びる性質）が大きいのは，金属結合が自由電子による結合であるため，結合力に方向性がなく，外部から力が加わると，その力がすべての方向に一様にはたらき，原子間の配列が簡単にずれるからである。

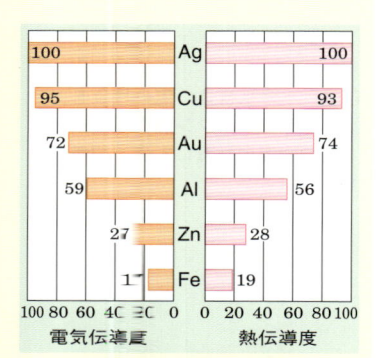

図2．電気伝導性と熱伝導性
（Agを100とした場合）

○1. 1gの金は約3000mの針金にのばせる。また，金をたたくと厚さ0.001mm程度まで広げることができる。

性質の種類	順位
展性	Au＞Ag＞Al＞Cu
延性	Au＞Ag＞Pt＞Al

表1．金属の展性・延性

図3．展性の例（金箔）

図4．延性の例（銅線）

3 **金属光沢がある** 金属光沢は、金属表面で光の反射が起こりやすいことによるが、これは金属内の自由電子によって、光が内部に入ることを妨げられるためである。

2 金属結合の強さ

■ **金属結合の強さと単体の融点** 金属結合が強くなるほど、単体の融点は高くなる傾向を示す。

1 1原子あたりの自由電子の数（価電子の数）が多いほど、金属結合は強くなる。

2 1原子あたりの自由電子の数が同じ場合、**金属原子の半径が小さいほど金属結合は強くなる**。例えば、ナトリウムNaとカリウムKは1原子あたりの自由電子の数（1個）は等しい。原子半径はNa（0.186nm）、K（0.231nm）なので、Naのほうが金属結合は強くなる。

3 一般に、遷移元素の金属の単体は、典型元素の金属の単体よりも融点が高く、密度の大きいものが多い。

3 金属原子の並び方

■ **金属の結晶構造** 金属結合によってできた結晶を**金属結晶**という。金属結晶では、各原子ができるだけ多くの原子で囲まれるように配列されており、金属によって決まった**結晶格子**をとる。図6は、金属の結晶格子の最小単位（**単位格子**）を示したものである。

1 **面心立方格子** 立方体の各頂点、各面の中心に原子がある。
2 **体心立方格子** 立方体の各頂点、中心に原子がある。
3 **六方最密構造** 底面の正六角形の各頂点と中心に原子がある。7個・3個・7個の積み重ねの配列。

図5．金属光沢（銅の鍋）

■合金について
　金属の物理的性質は、金属中に含まれている微量の不純物によって非常に大きく影響を受ける。特に硬さや、展性・延性などの性質の変化が著しい。このことを利用して、現在では用途に応じて種々の金属をとかし合わせた**合金**が非常に多く使用されている。

✿2．Naの融点は98℃、Kの融点は64℃である。

✿3．金属の単体の融点は、タングステンWのようにきわめて高いもの（3410℃）から、水銀Hgのように低いもの（−39℃、常温で液体）まで存在し、非常に幅広い。

✿4．たいていの金属は、このうちのどれかの構造をとる。

面心立方格子
Cu, Ag, Al, Ca, Au

体心立方格子
Li, Na, K, Ba, Fe

六方最密構造
Zn, Mg, Be

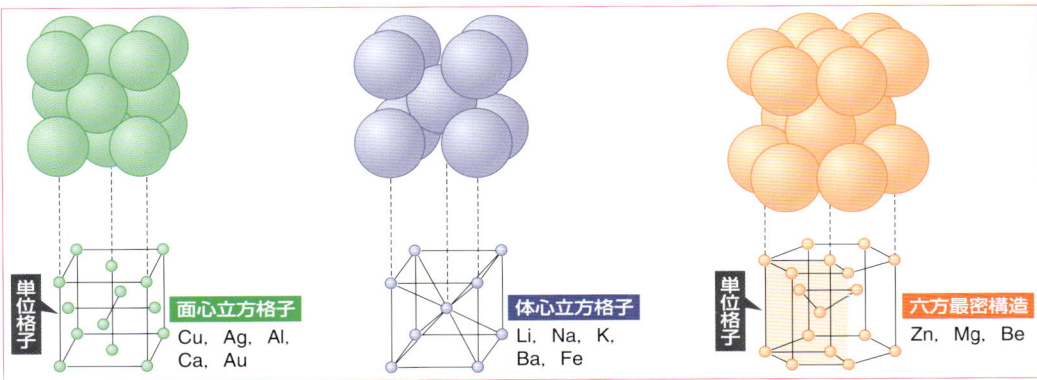

図6．金属の結晶格子

3章　化学結合

8 金属の結晶構造　発展

1 金属結晶を調べると…

■ **金属結晶**　金属原子が金属結合によって規則正しく配列してできた結晶を**金属結晶**といい，その結晶格子には，**面心立方格子，体心立方格子，六方最密構造**がある（図1）。

> **ポイント**
> 1. 単位格子中に何個分の原子を含むか。（**原子数**）
> 2. 1個の原子に隣接するほかの原子の数。（**配位数**）
> 3. 単位格子の一辺の長さ l と原子半径 r の関係。
> 4. 単位格子を占める原子の体積の割合。（**充填率**）

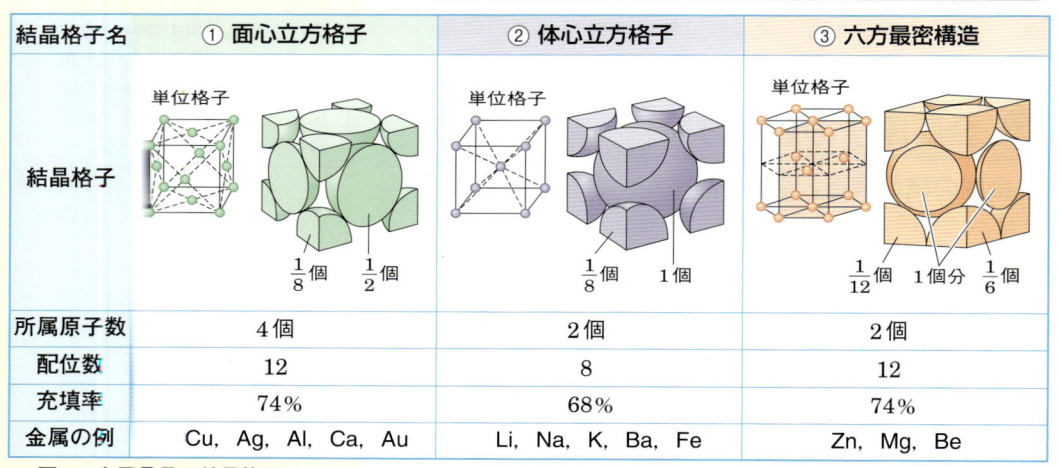

結晶格子名	① 面心立方格子	② 体心立方格子	③ 六方最密構造
結晶格子	単位格子　$\frac{1}{8}$個　$\frac{1}{2}$個	単位格子　$\frac{1}{8}$個　1個	単位格子　$\frac{1}{12}$個　1個分　$\frac{1}{6}$個
所属原子数	4個	2個	2個
配位数	12	8	12
充填率	74%	68%	74%
金属の例	Cu, Ag, Al, Ca, Au	Li, Na, K, Ba, Fe	Zn, Mg, Be

図1．金属結晶の結晶格子

■ **単位格子に所属する原子の数**

1 面心立方格子　立方体の頂点に $\frac{1}{8}$ 個，立方体の面の中心に $\frac{1}{2}$ 個の原子を含むから，

$$\frac{1}{8} \times 8 + \frac{1}{2} \times 6 = 4 個$$

2 体心立方格子　立方体の頂点に $\frac{1}{8}$ 個，立方体の中心に1個の原子を含むから，**2個**となる。

3 六方最密構造　六角柱の頂点に $\frac{1}{6}$ 個，正六角形の面の中心に $\frac{1}{2}$ 個，六角柱の中間層に3個含むから，

$$\frac{1}{6} \times 12 + \frac{1}{2} \times 2 + 3 = 6 個 \rightarrow 単位格子では 2 個 [*1]$$

[*1] 六方最密構造の正六角柱（所属原子数6）は，単位格子ではない。正確な単位格子（最も基本的な結晶の繰り返し単位）は正六角柱の $\frac{1}{3}$（図1で色がついた部分）だから，所属原子数は2となる。

■ 配位数
1. **面心立方格子** 単位格子を横に2つつなぎ，その中央に位置する原子 ● に着目すると，その周囲をとり囲む12個の原子 ●（1〜12）と接している（図2）。➡ 配位数 **12**
2. **体心立方格子** 立方体の中心にある球は，各頂点にある8個の球と接している。➡ 配位数 **8**
3. **六方最密構造** 正六角柱の下面の中心にある原子に着目すると，同一平面上で6個，上の層で3個，下の層で3個，合計12個の球と接している。➡ 配位数 **12**

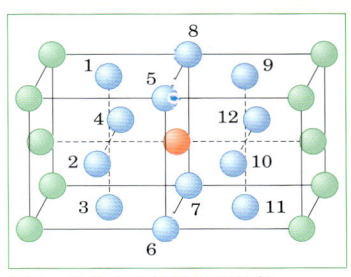

図2．面心立方格子の配位数

■ 単位格子の一辺の長さ l（格子定数）と原子半径 r の関係
1. **面心立方格子** 図3のように，原子は立方体の各面の対角線上で接している。面の対角線の長さは $\sqrt{2}\,l$ で，原子半径4個分と同じだから，$\sqrt{2}\,l = 4r$
2. **体心立方格子** 図3のように，原子は立方体の対角線上で接している。立方体の対角線の長さは $\sqrt{3}\,l$ で，原子半径4個分と同じだから，$\sqrt{3}\,l = 4r$

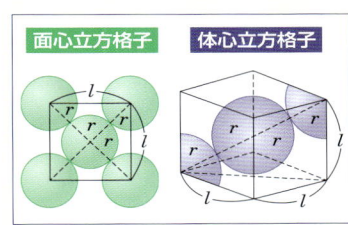

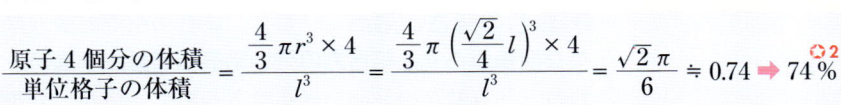

図3．原子半径と格子定数

■ 充塡率
1. **面心立方格子**

$$\frac{\text{原子4個分の体積}}{\text{単位格子の体積}} = \frac{\frac{4}{3}\pi r^3 \times 4}{l^3} = \frac{\frac{4}{3}\pi \left(\frac{\sqrt{2}}{4}l\right)^3 \times 4}{l^3} = \frac{\sqrt{2}\,\pi}{6} \fallingdotseq 0.74 \Rightarrow 74\,\% \text{ ✿2}$$

2. **体心立方格子**

$$\frac{\text{原子2個分の体積}}{\text{単位格子の体積}} = \frac{\frac{4}{3}\pi r^3 \times 2}{l^3} = \frac{\frac{4}{3}\pi \left(\frac{\sqrt{3}}{4}l\right)^3 \times 2}{l^3} = \frac{\sqrt{3}\,\pi}{8} \fallingdotseq 0.68 \Rightarrow 68\,\% \text{ ✿2}$$

> **例題　ナトリウムの単位格子**
>
> ナトリウムは右図のような結晶構造をもつ。単位格子の一辺の長さを $4.30 \times 10^{-8}\,\text{cm}$ として，ナトリウムの原子半径を求めよ。ただし，$\sqrt{2} = 1.41$，$\sqrt{3} = 1.73$ とする。

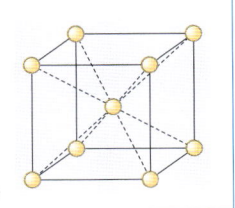

解説 この結晶格子は，体心立方格子である。体心立方格子では，単位格子の対角線上で原子が接している。
単位格子の一辺の長さを $a\,[\text{cm}]$ とすると，対角線の長さは $\sqrt{3}\,a$ で，この長さは原子半径 r の4倍に等しいから，

$$r = \frac{\sqrt{3}\,a}{4} = \frac{1.73 \times 4.30 \times 10^{-8}}{4} \fallingdotseq 1.86 \times 10^{-8}\,[\text{cm}]$$

答 $1.86 \times 10^{-8}\,\text{cm}$

✿2．面心立方格子（立方最密構造ともいう）と六方最密構造は，いずれも球を空間に最も密に並べる構造（最密構造）である。一方，体心立方格子は最密構造ではなく，ややすき間の多い構造である。

9 結晶の種類と性質

1 結晶の種類をまとめると…

■ 結晶は，イオン結晶，共有結合の結晶，分子結晶，金属結晶の4つに分類される。結晶と，単体・化合物，金属元素・非金属元素との関係は次のようになる。

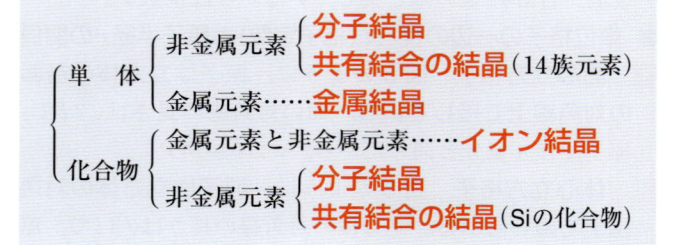

$$
\left\{
\begin{array}{l}
単体 \left\{
\begin{array}{l}
非金属元素 \left\{
\begin{array}{l}
\text{分子結晶} \\
\text{共有結合の結晶}（14族元素）
\end{array}
\right. \\
金属元素……\text{金属結晶}
\end{array}
\right. \\
化合物 \left\{
\begin{array}{l}
金属元素と非金属元素……\text{イオン結晶} \\
非金属元素 \left\{
\begin{array}{l}
\text{分子結晶} \\
\text{共有結合の結晶}（Siの化合物）
\end{array}
\right.
\end{array}
\right.
\end{array}
\right.
$$

2 化学結合の強さと結晶の性質

■ **結合の強さと融点** 一般に，結合の強さと融点には密接な関係があり，結合力の強い結晶ほど融点は高い。すなわち，共有結合の結晶の融点はきわめて高いが，分子結晶の融点は低く，常温で液体や気体の物質が多い（図1）。

■ **結晶の種類と溶解性** 一般に，イオン結晶は水に溶けやすいものが多く，分子結晶は水に溶けにくいものが多い。共有結合の結晶や金属結晶は水に溶けない。
　また，分子結晶には，エーテル，ベンゼンなどの有機溶媒に溶けるものが多い。

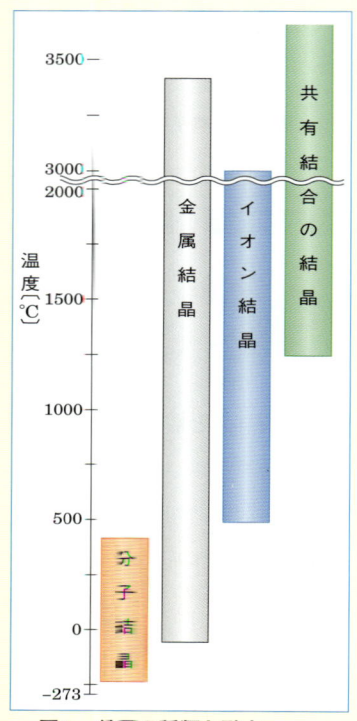

図1. 結晶の種類と融点

特徴＼結晶	イオン結晶	共有結合の結晶	分子結晶	金属結晶
結合の種類	イオン結合	共有結合	分子間力	金属結合
結合の強さ	強い	非常に強い	弱い	強い（幅がある）
融点	高い	非常に高い	低い	高い〜低い
硬さ	やや硬く，もろい	硬い	軟らかい	やや硬い
展性・延性	ない	ない	ない	ある
電気伝導性	ない（液体はある）	ない（黒鉛はある）	ない	ある
水に対する溶解性	溶けやすいものが多い	溶けない	溶けにくいものが多い	溶けない
構成粒子	イオン	原子	分子	原子と自由電子
例	NaCl, $CuSO_4$	C（ダイヤモンド）	I_2, CO_2, H_2O	Na, Fe, Cu

表1. 結晶の種類と性質の比較

重要実験 イオン結晶の融解と電気伝導性

方法

1. 電極に炭素棒を使って，右の図のような電極をつくる。

2. 食塩約15gを磁性るつぼに入れ，マッフルを使って，ガスバーナーで強熱する。

3. 食塩が融解したら炭素電極を入れ，直流電圧をかけて電気伝導性を調べる。また，電極の付近のようすを観察する。

4. バーナーの火を止めるとどうなるか，変化のようすを見る。

5. 臭化鉛（Ⅱ），塩化鉛（Ⅱ），ヨウ化鉛（Ⅱ）についても，同様に電気伝導性を調べる。

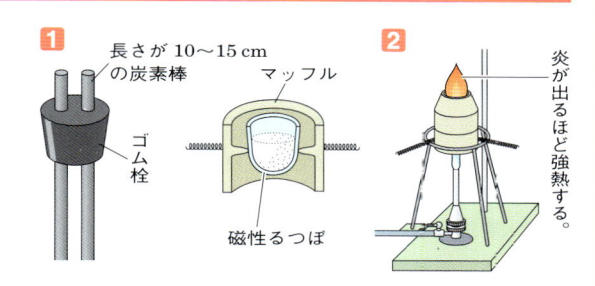

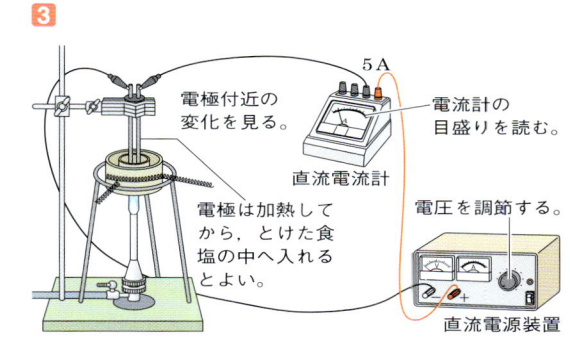

結果

1. 方法3では，食塩が融解し，液状になると**電流が流れる**。これは電流計の針が振れることで確認できる。

2. 方法3で，電気分解が起こると，陽極から**気体が発生する**。また，陰極近くでは，小さな火の玉がポッと音をたてて燃える。

3. 方法4では，食塩が固まると，**電流が流れなくなる**。

4. 方法3と5で，電圧が6Vのとき，右のような結果が得られた。

塩	NaCl	PbBr$_2$	PbCl$_2$	PbI$_2$
電流〔A〕	1.2	1.5	1.3	1.4
（参考）融点〔℃〕	800	373	501	402

考察

1. 結果1と3で，食塩が融解すると，なぜ電流が流れるのか。 → 食塩は**イオン結合性の化合物**であるが，結晶状態では電気を通さない。しかし融解すると，**ナトリウムイオンNa^+と塩化物イオンCl^-が自由に移動できる**ので，食塩水と同じように電気を通す。

2. 結果2の現象が起こる理由を説明せよ。 → 融解した塩化ナトリウムが電気分解され，陽極では塩素Cl_2が発生し，陰極ではナトリウムNaが生成する。このNaが空気に触れて，燃焼するときの炎が観測される。

3章 化学結合

重要実験 錯イオンを含む水溶液をつくる

方法

1. 3本の試験管に0.1mol/Lの硝酸銅(Ⅱ)水溶液, 硝酸亜鉛水溶液, 硝酸ニッケル(Ⅱ)水溶液をそれぞれ3mLずつとる。よく振りながら, 2mol/L**アンモニア水**を1滴ずつ加える。**沈殿が生じても, さらにアンモニア水を加えて**色の変化を観察する。

2. 2本の試験管に0.1mol/Lの硝酸アルミニウム水溶液, 硝酸亜鉛水溶液をそれぞれ3mLずつとる。よく振りながら, 2mol/L**水酸化ナトリウム水溶液**を1滴ずつ加える。**沈殿が生じても, さらに水酸化ナトリウム水溶液を加えて**色の変化を観察する。

3. 2本の試験管に0.1mol/L硝酸銀水溶液を2mLずつとり, それぞれに0.1mol/L塩化ナトリウム水溶液2mLを加える。一方の試験管には2mol/L**アンモニア水**を少しずつ加え, 他方の試験管には0.1mol/L**チオ硫酸ナトリウム水溶液**を少しずつ加え, 色の変化を観察する。

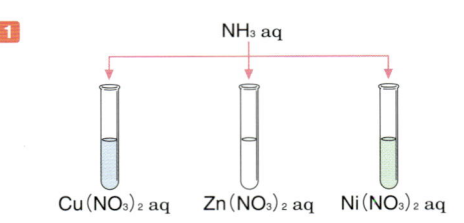

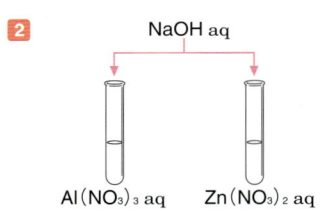

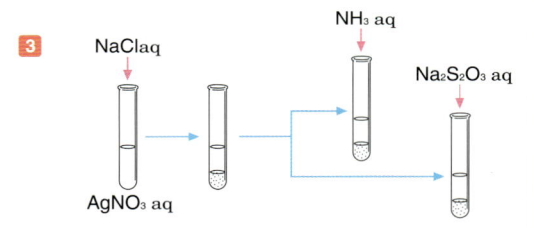

結果

方法1	Cu^{2+}(青色)	Zn^{2+}(無色)	Ni^{2+}(緑色)
少量 NH_3aq	$Cu(OH)_2$ 青白色沈殿	$Zn(OH)_2$ 白色沈殿	$Ni(OH)_2$ 緑色沈殿
過剰 NH_3aq	$[Cu(NH_3)_4]^{2+}$ 深青色溶液	$[Zn(NH_3)_4]^{2+}$ 無色溶液	$[Ni(NH_3)_6]^{2+}$ 青紫色溶液

方法2	Al^{3+}(無色)	Zn^{2+}(無色)
少量 NaOHaq	$Al(OH)_3$ 白色沈殿	$Zn(OH)_2$ 白色沈殿
過剰 NaOHaq	$[Al(OH)_4]^-$ 無色溶液	$[Zn(OH)_4]^{2-}$ 無色溶液

方法3 Ag^+はCl^-とAgClの白色沈殿を生じるが, NH_3aqや$Na_2S_2O_3aq$を加えると, $[Ag(NH_3)_2]^+$, $[Ag(S_2O_3)_2]^{3-}$という無色の**錯イオン**を生じて沈殿は溶解する。

考察

1. 方法1で生じた錯イオンの化学式と名称を記せ。 → $[Cu(NH_3)_4]^{2+}$ テトラアンミン銅(Ⅱ)イオン
   $[Zn(NH_3)_4]^{2+}$ テトラアンミン亜鉛(Ⅱ)イオン
2. 方法2で生じた錯イオンの化学式と名称を記せ。 → $[Ni(NH_3)_6]^{2+}$ ヘキサアンミンニッケル(Ⅱ)イオン
   $[Al(OH)_4]^-$ テトラヒドロキソアルミン酸イオン
   $[Zn(OH)_4]^{2-}$ テトラヒドロキソ亜鉛(Ⅱ)酸イオン
3. 方法3の沈殿が溶けた変化を, イオン反応式で示せ。 → $AgCl + 2NH_3 \longrightarrow [Ag(NH_3)_2]^+ + Cl^-$
   $AgCl + 2S_2O_3^{2-} \longrightarrow [Ag(S_2O_3)_2]^{3-} + Cl^-$

テスト直前チェック　定期テストにかならず役立つ！

1. ☐ 陽イオンと陰イオンの間の静電気的な引力による結合を何という？
2. ☐ イオンの種類と個数の比を最も簡単な整数の比で示した化学式を何という？
3. ☐ 陽イオンと陰イオンが交互に規則的に配列してできた結晶を何という？
4. ☐ 最外殻電子のうち，対になっていない電子を何という？
5. ☐ 元素記号のまわりに最外殻電子を点（・）で表した化学式を何という？
6. ☐ 原子どうしが不対電子を出し合い，生じた電子対を共有してできる結合を何という？
7. ☐ 原子間で共有されている電子対を何という？
8. ☐ 原子間で共有されていない電子対を何という？
9. ☐ 分子を構成する原子の種類と数を示した化学式を何という？
10. ☐ 原子間の結合を価標（－）を用いて表した化学式を何という？
11. ☐ 各原子から出る価標の数を，その原子の何という？
12. ☐ 多数の原子が共有結合だけで結びついてできる結晶を何という？
13. ☐ 非共有電子対をほかの原子に提供してできる共有結合を特に何という？
14. ☐ 非共有電子対をもつ分子や陰イオンが金属イオンに配位結合して生じた多原子イオンを何という？
15. ☐ 各原子が共有電子対を引き寄せる強さを数値で表したものを何という？
16. ☐ 分子全体で電荷の偏りをもつ分子を何という？
17. ☐ 分子全体で電荷の偏りをもたない分子を何という？
18. ☐ 分子間にはたらく弱い引力をまとめて何という？
19. ☐ 分子間力から水素結合を除いたものを何という？
20. ☐ 自由電子を仲立ちとした金属原子どうしの結合を何という？
21. ☐ 金属をたたくと薄く広がる性質を何という？
22. ☐ 金属を引っ張ると長く延びる性質を何という？
23. ☐ 金属結合でできた結晶を何という？

解答

1. イオン結合
2. 組成式
3. イオン結晶
4. 不対電子
5. 電子式
6. 共有結合
7. 共有電子対
8. 非共有電子対
9. 分子式
10. 構造式
11. 原子価
12. 共有結合の結晶
13. 配位結合
14. 錯イオン
15. 電気陰性度
16. 極性分子
17. 無極性分子
18. 分子間力
19. ファンデルワールス力
20. 金属結合
21. 展性
22. 延性
23. 金属結晶

定期テスト予想問題　解答→p.133

1 化学式

次の(1)～(10)の物質を表す化学式をそれぞれ答えよ。
(1) 二酸化炭素（分子式）
(2) アンモニア（分子式）
(3) メタン（分子式）
(4) 塩化水素（分子式）
(5) 十酸化四リン（組成式）
(6) 酸化鉄(Ⅲ)（組成式）
(7) 四酸化三鉄（組成式）
(8) カリウムイオン（イオン式）
(9) アルミニウムイオン（イオン式）
(10) 塩化物イオン（イオン式）

2 組成式

次の表中の空所に、できる化合物の組成式を入れよ。

		陰イオン		
		Cl^-	OH^-	SO_4^{2-}
陽イオン	Na^+	NaCl	①	②
	Ca^{2+}	③	④	⑤
	Al^{3+}	⑥	⑦	⑧

3 イオン結合

次の文中の[　]に適する語句を記せ。

ナトリウムNaと塩素Cl_2が反応すると、塩化ナトリウムNaClを生じる。このとき電子1個がナトリウム原子から塩素原子に移り、それぞれの原子は①[　]イオンと②[　]イオンになる。これらのイオンは、陽イオンと陰イオンの間ではたらく③[　]によって結合する。このような結合を④[　]という。

塩化ナトリウムは、④によって①イオンと②イオンが規則正しく配列して結晶をつくっている。このような結晶を⑤[　]といい、結晶内のイオン間の結合力は⑥[　]いので、一般に硬く、融点もかなり⑦[　]い。

また、⑤は、⑧[　]したり水にとかしたりすると、イオンが自由に動けるようになるので、電気をよく通すようになる。

4 分子の電子式

次のア～カの物質の分子について、あとの各問いに答えよ。
　ア　フッ素　　　イ　窒素
　ウ　アンモニア　エ　塩化水素
　オ　二酸化炭素　カ　水
(1) ア～カのそれぞれの分子の電子式を書け。
(2) 共有電子対を2組もつものはどれか。
(3) 非共有電子対を1組もつものはどれか。
(4) 電子を最も多くもつものはどれか。

5 分子の形

次の(1)～(3)に該当するものを、あとのア～カから選べ。
(1) 二重結合をもつ直線形分子
(2) 三重結合をもつ直線形分子
(3) 単結合からなる正四面体形分子
　ア　CH_4　　イ　H_2O　　ウ　NH_3
　エ　CO_2　　オ　HCl　　　カ　N_2

6 共有結合の結晶

次の図は、ダイヤモンドと黒鉛の構造を示したものである。あとの表中の空所にあてはまる語句を語群から選んで入れよ。

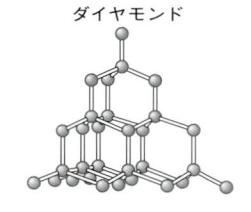

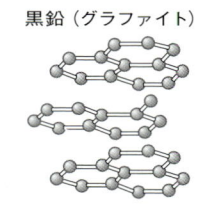

ダイヤモンド　　　黒鉛（グラファイト）

	ダイヤモンド	黒鉛
機械的性質	①	②
融点	③	④
電気的性質	⑤	⑥
光学的性質	⑦	⑧

〔語群〕 不導体　良導体　半導体　低い　高い
極めて高い　透明　不透明　硬い　軟らかい

7 分子の極性

次の文中の[ ]に適する語句を記せ。

共有電子対を引きつける強さを相対的な数値で表したものを①[　　　]という。①は元素によって異なり，周期表では，希ガスを除いて②[　　　]に位置する元素ほど大きい。

一般に，異種の原子の結合では，①の差が大きいほど電荷の偏りが③[　　]い。このように，原子間に電荷の偏りがあることを，結合に④[　　　]があるという。しかし，分子全体が④をもつかどうかは，分子を構成する結合の④と，分子の⑤[　　　]という2つの要素によって決まる。

8 分子の構造

次のア～エの分子の立体模型について，あとの問いに答えよ。

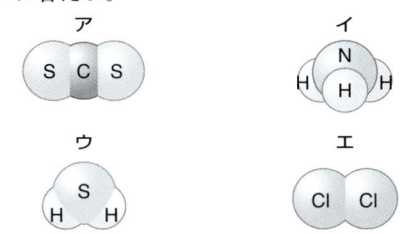

ア　S C S
イ　N H H H
ウ　S H H
エ　Cl Cl

(1) ア～エの構造式を書け。
(2) ア～エを，極性分子と無極性分子に分けよ。

9 結晶の性質

次の文中の[ ]に適する語句を記せ。

多数の分子が規則正しく配列してできた結晶を①[　　　]という。分子間にはたらく引力，すなわち②[　　　]が弱いために，①は一般に融点が③[　　]く，軟らかくて④[　　]しやすいものが多い。

また，多数の原子が共有結合でつながった結晶を⑤[　　　]といい，硬くて融点が非常に⑥[　　]いものが多い。

10 金属結合と金属

次の文のうち，誤っているものにどれか。

ア　金属は固体の状態で，一般に展性や延性に富み，電気の良導体である。
イ　典型的な金属では，金属原子の価電子の一部は結晶内を自由に運動する自由電子となる。
ウ　自由電子は，金属を構成するすべての原子に共有されているとみなせる。
エ　自由電子の運動が，金属に電気伝導性を生じさせる。
オ　金属を加熱すると，自由電子の運動が活発になるため，電気伝導度は温度上昇とともに大きくなる。

11 化学結合

次の(1)～(4)が表す化学結合の名称を，それぞれ記せ。

(1) 原子が不対電子を互いに共有し合ってできる結合。
(2) イオン間にはたらく静電気的な引力による結合。
(3) 原子の価電子がすべての原子に共有されているとみなせる結合。
(4) 共有電子対を一方の原子のみから提供されてできる結合。

12 原子の電子配置と化学結合

次の文中の[ ]には適する語句や数値，□には化学式を記せ。ただし，化学式はX，Y，Zの記号を用いること。

原子番号1（X），11（Y），17（Z）の各原子がつくる化学結合について考える。

X原子2個が結合するときは，ともにK殻の1個の電子を①[　　]して安定化し，②[　　]結合をする。同様に，Z原子2個が結合するときも③[　　]殻の④[　　]電子のうち⑤[　　]個ずつを②結合に使って結びつく。

これに対して，Y原子とZ原子でつくる結合では，それぞれの原子が⑥[　　]となって結合するので，⑦[　　]結合とよばれる。Y原子は⑧[　　]殻の1個の④電子を放出した⑨□に，Z原子は⑩[　　]個の電子を受け入れた⑪□になるので，生じる化合物の組成式は⑫□となる。

また，X原子とZ原子でつくる結合は⑬[　　]結合で，つくられる化合物の⑭[　　]式は⑮□である。

13 化学結合と物質の性質

次の(1)〜(8)のうち，イオン結晶に関する文にはAを，分子結晶に関する文にはBを，それぞれ書け。

(1) 結合力が強く，融点が高いため，気体になりにくい。
(2) 各原子は共有結合で結びついている。
(3) 結合力が弱く，融点が低いため，昇華しやすい。
(4) 金属元素と非金属元素からなる物質である。
(5) 非金属元素からなる物質の場合が多い。
(6) 水に溶けやすいものが多い。
(7) 有機化合物に多く見られる。
(8) 気体を冷却して固体になった場合の結晶である。

14 結晶の識別

次の記述(1)〜(4)で表される結晶A〜Dの種類を，ア〜エから選べ。また，それらの結晶の例を，オ〜クから選べ。

(1) 結晶Aは融点がかなり高い。結晶は電気を通さないが，融解すれば電気を通す。
(2) 結晶Bは融点が低く，あるものは80℃で融解し，昇華性もある。いかなる場合でも電気を通さない。
(3) 結晶Cは融点が非常に高く，きわめて硬い。結晶内の原子の結合はすべて同じ形式である。
(4) 結晶Dは融点の高いものが多く，結晶内に自由電子があり，電気を通す。展性・延性も特徴の1つである。

〔結晶の種類〕
　ア　分子結晶
　イ　イオン結晶
　ウ　金属結晶
　エ　共有結合の結晶

〔結晶の例〕
　オ　二酸化ケイ素
　カ　硫酸カルシウム
　キ　グルコース
　ク　マグネシウム

ホッとタイム

知ってるかい？
こんな話 あんな話 ①

> ⦿ いわゆる化学に関する内容には，まずテストには出ませんが，けっこうおもしろいものがたくさんあります。それらの中からいくつか選び出し，話に仕立ててみました。そう，コーヒーでも飲みながら読むのが，よく似合うかな。

✿ 電子レンジでどうして食品が温められるのか

　電子レンジは，マイクロ波とよばれる比較的波長が短い（波長約1m以下）電波を用いて，水分を含んだ食品や飲み物などを加熱するためにつくられた調理器具です。現在の日本では95％以上の家庭に普及している，おなじみの電化製品ですね。

　マイクロ波は携帯電話の通信にも使われている電波で，空気やガラス，陶磁器などはよく透過しますが，金属には反射される性質があります。したがって，電子レンジで食品を加熱するときは，金属容器や，金属箔や金属粉で装飾されている容器を使うことはできません。

　電子レンジで発生させるマイクロ波は周波数（振動数）が2450MHzで，1秒間に24億5000万回も＋と－の電場が変化します。食品に含まれる水は極性分子であるため，このマイクロ波の電場変化によって，激しく振動・回転させられ，温度が上がります。その結果，水分を多く含む食品を，内部から効率よく温めることができます。

　しかし，四塩化炭素などの無極性分子は，マイクロ波の電場が変化してもあまり振動・回転しないので，うまく温めることができません。

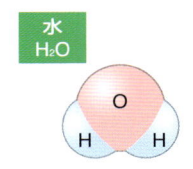

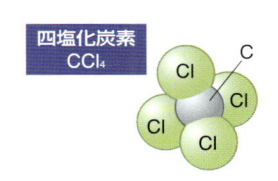

水 H_2O

四塩化炭素 CCl_4

分子の形はどのように決まるのか

分子中にある共有電子対や非共有電子対は負の電荷を帯びているため，互いに反発し合います。このような考え方は**電子対反発則**とよばれ，1939年に大阪大学の槌田龍太郎によって提唱されました。これらの反発を考慮すると，分子の形が理解しやすくなります。

電子対反発則

1 電子対は，それぞれの反発力が最も小さくなるように，空間的に最も離れた方向に配置される。

2 電子対どうしの反発力の大小は，次のようになる。

非共有電子対どうし ＞ 非共有電子対と共有電子対 ＞ 共有電子対どうし※

※ 1つの原子核からの引力しか受けない非共有電子対のほうが，2つの原子核からの引力を受ける共有電子対よりも電子雲がふくらんでいるため。

---

1 メタン CH_4 のように中心原子に4対の共有電子対をもつ分子の場合，電子対は空間的に最も離れた正四面体の頂点方向に伸びるので，分子中の結合角は∠HCH = 109.5°となり，**正四面体形**を示します。

メタン CH_4
正四面体の中心に C 原子，頂点に H 原子が位置する。

2 アンモニア NH_3 の場合，反発力の大きい1対の非共有電子対によって，残った3対の共有電子対が押しつけられ，分子中の結合角は∠HNH = 106.7°となり，**三角錐形**を示します。

アンモニア NH_3
三角錐の頂点に N 原子，底面の正三角形の頂点に H 原子が位置する。

3 水 H_2O の場合，2対の非共有電子対の反発力がかなり大きいため，残った2対の共有電子対がさらに押しつけられ，分子中の結合角は∠HOH = 104.5°となり，**折れ線形**を示します。

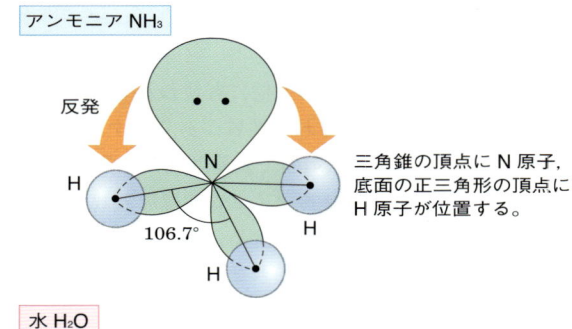

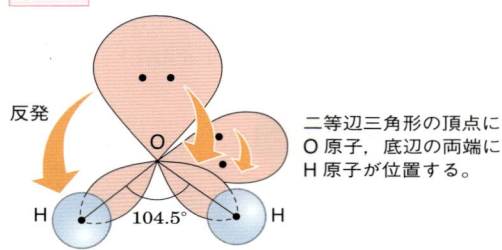

水 H_2O
二等辺三角形の頂点に O 原子，底辺の両端に H 原子が位置する。

2編
物質の変化

1章 物質量と化学反応式

1 原子量・分子量・式量

✿1. 原子量の基準の移り変わり
原子量を最初に考えたのはドルトンで，水素の原子量を1とした（1803年）。その後，ベルセリウスは酸素の原子量を100とし，さらにスタスは酸素の原子量を16とした。この基準は長らく用いられたが，1961年に国際純正応用化学連合（IUPAC）で，質量数12の炭素原子 ^{12}C の質量=12を基準とすることに決め，現在に至っている。

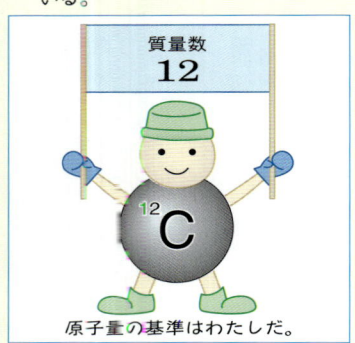

原子量の基準はわたしだ。

元素名	同位体	相対質量	存在比(%)
炭素	^{12}C	12(基準)	98.9
	^{13}C	13.0	1.1
塩素	^{35}Cl	35.0	75.8
	^{37}Cl	37.0	24.2

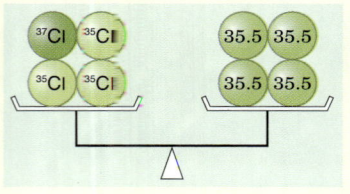

表1. 同位体の存在比

✿2. すべてのCl原子の相対質量が35.5であるとして扱う。

1 原子1個の質量を表す方法

■ 原子や分子の質量は非常に小さく，グラム単位で表すのは不便である。そこで，扱いが便利な方法が考案された。

■ **原子の相対質量** 各原子の質量は非常に小さいので，ある原子の質量を基準とした相対的な質量で表すと便利である。現在では，質量数12の炭素原子 ^{12}C の質量をちょうど12と定め，これと比較して種々の原子の質量を求めたものを，その **原子の相対質量** という。[1]

例えば，水素原子 ^1H の相対質量が1.0であるということは，その質量が ^{12}C 原子のちょうど $\frac{1}{12}$ であることを示す。なお，原子の相対質量は，質量の比を表しているから，単位はつけない。

水素原子 ^1H の相対質量 $= 12 \times \frac{1}{12} = 1.0$

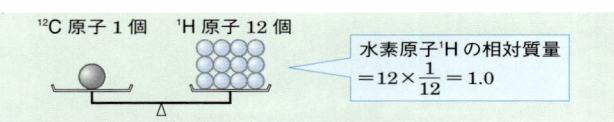

図1. 原子の相対質量の意味（原子の質量を比べる）

■ **元素の原子量** 自然界の多くの元素は，いくつかの同位体が一定の割合で混じったもので，各同位体の存在比は一定である（表1）。そこで，**各同位体の相対質量に存在比をかけて計算した平均値をその 元素の原子量** という。例えば，塩素の原子量は，次のように計算できる。

$$35.0 \times \frac{75.8}{100} + 37.0 \times \frac{24.2}{100} \fallingdotseq 35.5$$

↑ ^{35}Clの相対質量　↑ ^{35}Clの存在比　↑ ^{37}Clの相対質量　↑ ^{37}Clの存在比 [2]

例題 原子量と同位体の存在比

天然のホウ素には ^{10}B（相対質量10.01）と ^{11}B（相対質量11.00）の2種の同位体があり，ホウ素の原子量は10.81である。^{10}B の存在比は何％か。

解説 求める ^{10}B の存在比を x (％) とすると，^{11}B の存在比は $(100-x)$ (％) となるから，次式が成り立つ。

$$10.01 \times \frac{x}{100} + 11.00 \times \frac{100-x}{100} = 10.81 \qquad x \fallingdotseq 19.2\,(\%)$$

答 19.2 %

✳ **3.** 化学の計算では，計算が煩雑にならないように，元素の原子量として表2に示す概数値を用いることが多い。

元　素		原子量
水　素	H	1.0
炭　素	C	12
窒　素	N	14
酸　素	O	16
ナトリウム	Na	23

元　素		原子量
マグネシウム	Mg	24
アルミニウム	Al	27
リ　ン	P	31
硫　黄	S	32
塩　素	Cl	35.5

元　素		原子量
カリウム	K	39
カルシウム	Ca	40
鉄	Fe	56
銅	Cu	63.5
銀	Ag	108

表2．元素の原子量の概数値 ✳3

2 分子量・式量とは

■ **分子量** 原子量と同様に，^{12}C の質量を 12 (基準) として表した分子の相対質量を**分子量**という。分子量は，**分子式を構成する原子の原子量の総和**で求める。分子量も相対値なので，単位はつけない。

■ **式量** イオン結晶や金属などは分子が存在せず，これらの物質は組成式で表される。そこで，**組成式を構成する原子の原子量の総和**を**式量**といい，分子量のかわりに用いる。式量にも単位はつけない。

また，イオンの式量は，そのイオン式を構成する原子の原子量の総和で求められる。✳4

CO_2 の分子量 $= 12 + 16 \times 2 = 44$

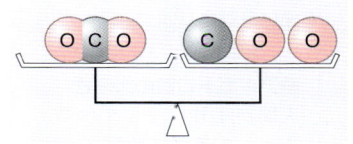

図2．分子量の意味

■**式量の例**
- 塩化カルシウム $CaCl_2$ の式量
  $40 + 35.5 \times 2 = \mathbf{111}$
- 水酸化物イオン OH^- の式量
  $16 + 1.0 = \mathbf{17}$

✳ **4.** 電子の質量は原子の質量に比べて非常に小さく，無視できる。

物　質	分子式	分子量
水　素	H_2	$1.0 \times 2 = 2.0$
酸　素	O_2	$16.0 \times 2 = 32.0$
水	H_2O	$16.0 + 1.0 \times 2 = 18.0$

表3．分子量 (分子が存在する物質)

物　質	組成式	式　量
塩化ナトリウム	NaCl	$23.0 + 35.5 = 58.5$
ナトリウム	Na	23.0
炭素(黒鉛)	C	12.0

表4．式量 (分子が存在しない物質)

2 物質量

1 アボガドロ数って何？

■ 物質は，原子・分子・イオンなどの粒子の集合体と考えられるが，これらの粒子を1個ずつとり扱うことは，極めて難しい。また，物質が変化する際には，各粒子の組み合わせが変化するので，化学では物質を構成する粒子の個数に着目して物質の量を表すと便利なことが多い。

ここでは，粒子の個数で物質の量を扱うには，どのようにすればよいかを考えてみよう。

○1. アボガドロ数の詳しい値は，6.022045×10^{23} である。計算問題を解くときは，有効数字の桁数を見て，6.02×10^{23} と 6.0×10^{23} を使い分ければよい。

■ **アボガドロ数** 炭素 12.0 g 中に含まれる ^{12}C 原子の数は，^{12}C 原子1個の質量が 1.993×10^{-23} g であるから，

$$\frac{12 \text{ g}}{1.993 \times 10^{-23} \text{ g}} \fallingdotseq 6.02 \times 10^{23}$$

この **6.02×10^{23}** という数を**アボガドロ数**という。

同様に，水 H_2O の分子量 18 にグラム単位〔g〕をつけた質量の中に含まれる水分子の数は，H_2O 分子1個の質量が 2.991×10^{-23} g であるから次のようになり，やはりアボガドロ数に等しい。

$$\frac{18 \text{ g}}{2.991 \times 10^{-23} \text{ g}} \fallingdotseq 6.02 \times 10^{23}$$

■アボガドロ数の大きさ

人間が1秒に1個ずつ数えると，1年間で約 3.2×10^7 個数えられる。これを全世界の人々（70億人）が行ったとすると，アボガドロ数を数え終わるのに，約270万年かかる計算になる。

$$\frac{6.0 \times 10^{23}}{3.2 \times 10^7 \times 70 \times 10^8} \fallingdotseq 2.7 \times 10^6 \text{（年）}$$

2 物質量の単位は「mol（モル）」で表す

■ **物質量** 野球のボールや鉛筆などは，12個の集団を1ダースとして表す。一方，私たちが日常に扱う物質に含まれる原子や分子の数は，莫大（ばくだい）な数となる。よって，原子や分子やイオンなどの粒子を扱うときは，ある個数の粒子の集団をひとまとめとした新しい単位を用いると便利である。

すなわち，**アボガドロ数（6.02×10^{23}）個の同一粒子の集団を 1 モル**（記号：**mol**）といい，モルを単位として表した粒子の量を**物質量**という。また，物質 1 mol あたりの粒子の数，つまり 6.02×10^{23}/mol を**アボガドロ定数**という。

○2. モルの語源は，ラテン語の moles にあり，「ひと山の」「ひと塊（かたまり）の」という意味をもつ。なお，モルは，国際単位系（SI）で定められた基本単位の1つである。

図1．モル（mol）の意味

1 mol → 粒子の数は 6.02×10^{23} 個

2 mol → 粒子の数は $2 \times (6.02 \times 10^{23})$ 個

2編 物質の変化

③ 1 molの質量は物質により違う

■ **原子量・分子量とアボガドロ数の関係** 炭素原子 ^{12}C を 6.02×10^{23} 個集めると，物質量は 1 mol，質量は 12 g になる。同様に，ほかの原子・分子・イオンについても，次の関係が成り立つ。

> 原子量，分子量，式量にグラム単位〔g〕をつけた質量の物質中には，すべて，アボガドロ数（6.02×10^{23}）個の原子・分子・イオンが含まれ，物質量は 1 mol となる。

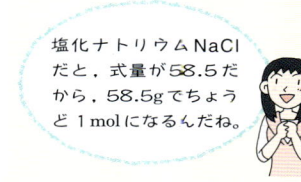

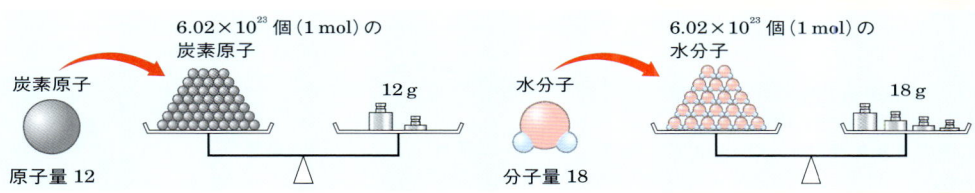

塩化ナトリウム NaCl だと，式量が 58.5 だから，58.5 g でちょうど 1 mol になるんだね。

図2. 原子量・分子量と 1 mol あたりの質量の関係

炭素原子 1 個と水分子 1 個の質量の比は，12：18 である。これを同数倍しても，比の値は変わらない。したがって，炭素原子 6.02×10^{23} 個の質量が 12 g であれば，水分子 6.02×10^{23} 個の質量は 18 g となる。

■ **モル質量** 一般に，**1 mol あたりの物質の質量をモル質量**といい，原子量，分子量，式量に単位〔g/mol〕をつけたものに等しい。

例えば，水 H_2O の分子量は 18 なので，水のモル質量は 18 g/mol になる。

	炭素原子 C	水分子 H_2O	アルミニウム Al	塩化ナトリウム NaCl
粒子のようすと質量	2.0×10^{-23} g	3.0×10^{-23} g	4.5×10^{-23} g	9.7×10^{-23} g
原子量・分子量・式量	12	$1.0 \times 2 + 16 = 18$	27	$23 - 35.5 = 58.5$
1 mol の粒子の数と質量	6.02×10^{23} 個 / 12 g	6.02×10^{23} 個 / 18 g	6.02×10^{23} 個 / 27 g	それぞれ 6.02×10^{23} 個 / 58.5 g
モル質量	12 g/mol	18 g/mol	27 g/mol	58.5 g/mol

表1. 原子量・分子量・式量とモル質量の関係

4 気体 1 mol の体積はどれも同じ

■ **気体 1 mol の体積**　アボガドロは，1811年，「すべての気体は，温度・圧力が一定ならば，同体積中には同数の分子を含む。」という **アボガドロの法則** を提唱した。したがって，すべての気体 1 mol（$6.02 × 10^{23}$ 個）は，同温・同圧では，同じ体積を占めるはずである。実際に，**0 ℃，$1.01 × 10^5$ Pa**（この状態を **標準状態** という）のとき，種々の気体 1 mol の体積を測定すると，**22.4 L** を示す。

> **ポイント**
> 気体 **1 mol** の体積は，その種類によらず，標準状態では **22.4 L** を占める。

☆3. 1 m² の面に 1 N（ニュートン）の力がはたらくときの圧力を 1 Pa（パスカル）という。なお，海水面での大気圧の平均値を 1 気圧（1 atm）といい，次の関係がある。

$1.013 × 10^5$ Pa = 1 atm

☆4. 1 mol あたりの気体の体積を **モル体積** という。標準状態での気体のモル体積は 22.4 L/mol である。

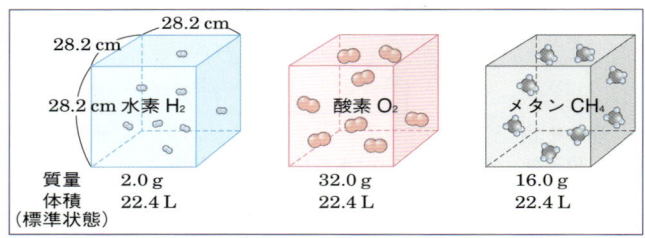

図3．1 mol の気体の体積と質量の関係
（水素 H₂：2.0 g，22.4 L／酸素 O₂：32.0 g，22.4 L／メタン CH₄：16.0 g，22.4 L；一辺 28.2 cm）

■ **粒子の数・質量・気体の体積の関係**　物質量をなかだちとして，粒子の数，質量，気体の体積の諸量を相互に変換することができる。

> **ポイント**
> $$物質量〔mol〕 = \frac{質量〔g〕}{モル質量〔g/mol〕} = \frac{気体の体積〔L〕}{22.4 \text{ L/mol}} = \frac{粒子の数}{6.0 × 10^{23}\text{/mol}}$$

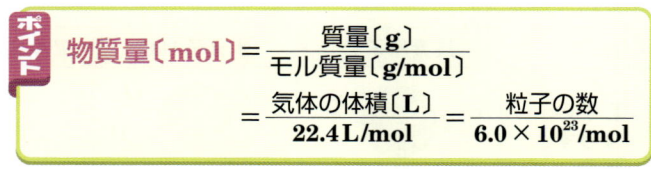

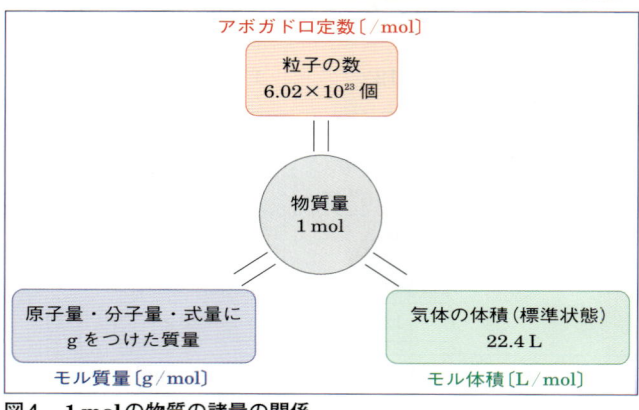

図4．1 mol の物質の諸量の関係

- アボガドロ定数〔/mol〕：粒子の数 $6.02 × 10^{23}$ 個
- 物質量 1 mol
- モル質量〔g/mol〕：原子量・分子量・式量に g をつけた質量
- モル体積〔L/mol〕：気体の体積（標準状態）22.4 L

この関係はとても重要だよ。しっかりと理解しておこう。

例題　物質量・質量・体積の変換

次の問いに答えよ。　原子量：C = 12，O = 16
(1)　二酸化炭素 CO_2 2.2 g の物質量は何 mol か。
(2)　CO_2 2.2 g の標準状態での体積は何 L か。

解説　(1)　二酸化炭素 CO_2 の分子量は，

$$12 + 16 \times 2 = 44$$

したがって，CO_2 のモル質量は 44 g/mol である。

$$物質量 = \frac{質量}{モル質量}$$
$$= \frac{2.2\,g}{44\,g/mol} = 0.050\,mol$$

(2)　標準状態での気体 1 mol あたりの体積(モル体積)は 22.4 L/mol なので，

$$22.4\,L/mol \times 0.050\,mol ≒ 1.1\,L$$

答　(1)　0.050 mol　　(2)　1.1 L

例題　物質量と質量・体積・粒子数の関係

次の問いに答えよ。　原子量：H = 1.0，C = 12，O = 16　アボガドロ定数：6.0×10^{23}/mol
(1)　標準状態のメタン CH_4 5.6 L の質量は何 g か。
(2)　水 H_2O 54 g に含まれる水分子は何個か。
(3)　標準状態での密度が 2.5 g/L である気体の分子量はいくらか。

解説　まず，物質量を求めるとよい。

(1)　標準状態での気体のモル体積は 22.4 L/mol なので，CH_4 5.6 L の物質量は，$\frac{5.6\,L}{22.4\,L/mol} = 0.25\,mol$

CH_4 のモル質量は 16 g/mol なので，質量は，

$$16\,g/mol \times 0.25\,mol = 4.0\,g$$

(2)　H_2O のモル質量は 18 g/mol なので，H_2O 54 g の物質量は，$\frac{54\,g}{18\,g/mol} = 3.0\,mol$

したがって，H_2O 分子の数は，

$$6.0 \times 10^{23}/mol \times 3.0\,mol = 1.8 \times 10^{24} 個$$

(3)　この気体 1 mol について考えると，標準状態での気体のモル体積が 22.4 L/mol であるから，その質量は，

$$2.5\,g/L \times 22.4\,L = 56\,g$$

答　(1)　4.0 g　　(2)　1.8×10^{24} 個　　(3)　56 g

✪5. 気体 1 L あたりの質量を気体の**密度**といい，単位〔g/L〕で表す。

■**物質量を求める公式**

$$物質量〔mol〕 = \frac{粒子の数}{6.0 \times 10^{23}/mol}$$
$$= \frac{物質の質量〔g〕}{モル質量〔g/mol〕}$$
$$= \frac{気体の体積〔L〕}{22.4\,L/mol}$$

✪6. 物質 1 mol の質量は，原子量・分子量・式量に単位〔g〕をつけたものに等しい。したがって，**物質 1 mol の質量から単位〔g〕をとったもの**が，その物質の原子量・分子量・式量になる。

1章　物質量と化学反応式

3 溶液の濃度

★1. 溶媒は必ず液体であるが、溶質は固体・液体・気体いずれの場合もある。

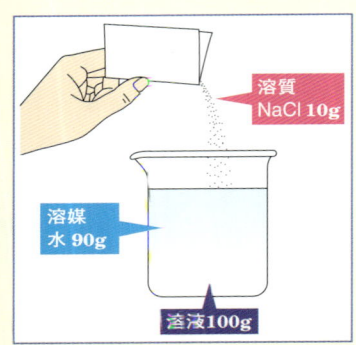

図1. 10％塩化ナトリウム水溶液のつくり方
溶液100gの中の溶質の質量〔g〕の数値が、質量パーセント濃度を表している。

★2. 質量パーセント濃度を求めるとき、分母は「溶液」の質量であって、「溶媒」の質量ではないから注意しなければならない。

★3. モル濃度の有用性
モル濃度で表した溶液の場合、体積をはかれば、その中に含まれる溶質の物質量〔mol〕がすぐにわかるので便利である。

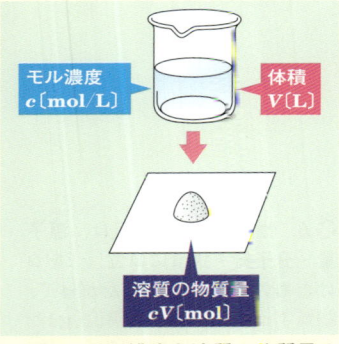

図2. モル濃度と溶質の物質量の関係

1 溶液とは

液体は、いろいろな物質を溶かすことができる。水のように、ほかの物質を溶かす液体を**溶媒**、食塩や砂糖のように、溶媒中に溶ける物質を**溶質**という。また、食塩水や砂糖水のように、溶媒と溶質が均一に混じり合ってできた液体を**溶液**という。**溶液は透明**であり、目に見えないほどの小さな粒子（分子やイオン）に分かれた溶質と溶媒が均一に混ざり合った混合物である。

2 濃度の表し方

■ **濃度** 溶液中に溶質がどれくらいの割合で含まれているかを表す値を、溶液の**濃度**という。

■ **質量パーセント濃度** 溶液の質量に対して、溶質の質量が何％を占めるかを表した濃度。

> **ポイント**
> 質量パーセント濃度〔％〕＝ $\dfrac{溶質の質量〔g〕}{溶液の質量〔g〕}$ ×100

例 水100gに塩化ナトリウムを15g溶かした溶液
食塩水の質量は、100g＋15g＝115gだから、
$\dfrac{15\,g}{115\,g} \times 100 = 13.04\cdots \fallingdotseq 13.0\,(\%)$

■ **モル濃度** 溶液1L中に何molの溶質が溶けているかを表した濃度。単位はmol/Lで、化学の計算では最もよく使われる濃度である。

> **ポイント**
> モル濃度〔mol/L〕＝ $\dfrac{溶質の物質量〔mol〕}{溶液の体積〔L〕}$

例 グルコース36gを水に溶かして500mLとした溶液
グルコースの分子量は、$C_6H_{12}O_6 = 180$
したがって、グルコースのモル質量は180g/molである。グルコース36gの物質量は、
$\dfrac{36\,g}{180\,g/mol} = 0.20\,mol$
モル濃度は、$\dfrac{0.20\,mol}{0.50\,L} = 0.40\,mol/L$

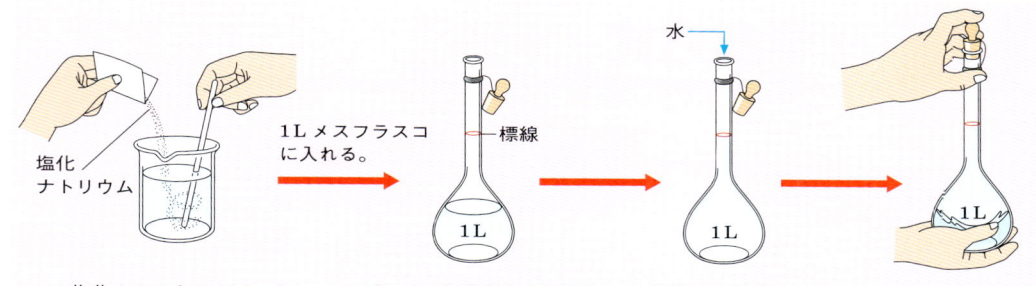

図3．1 mol/L塩化ナトリウム水溶液のつくり方

塩化ナトリウム 58.5 g を約 500 mL の水に溶かす。 → 1 L メスフラスコに入れる。ビーカーに付着した溶液は少量の純水で洗って入れる。 → 標線まで純水を加える。 → 栓をしてよく振り混ぜ，濃度を均一にする。

■ **質量モル濃度**[4] 溶媒 1 kg 中に何 mol の溶質が溶けているかで表した濃度で，単位には mol/kg を用いる。

ポイント
$$質量モル濃度〔mol/kg〕 = \frac{溶質の物質量〔mol〕}{溶媒の質量〔kg〕}$$

[4]. 溶媒・溶質ともに質量を基準としているので，温度によって変化しない。そこで，溶液の沸点や凝固点の変化を調べるときに用いられる。

③ 濃度の換算──溶液の密度に注目！

■ モル濃度は**溶液の体積**を，質量パーセント濃度は**溶液の質量**をそれぞれ基準としている。したがって，**溶液の密度**がわかると，相互に濃度を変換できる。[5]

例題　濃度の換算
10.0 %塩化ナトリウム水溶液の密度は 1.07 g/cm³ である。この水溶液のモル濃度は何 mol/L か。
原子量：Na = 23，Cl = 35.5

解説 質量パーセント濃度の場合，溶液の量はいくらでも構わないが，モル濃度の場合，溶液の**体積が 1 L** と決められている。よって，モル濃度に変換するときは，**必ず水溶液 1 L あたりで考えていく**。

この水溶液 1 L の質量は，
　$1000 \text{ cm}^3 \times 1.07 \text{ g/cm}^3 = 1070 \text{ g}$

この水溶液 1 L 中の塩化ナトリウム NaCl（溶質）の質量は，
　$1070 \text{ g} \times \frac{10.0}{100} = 107 \text{ g}$

NaCl の式量は，23 + 35.5 = 58.5 より，NaCl のモル質量は，58.5 g/mol である。よって，NaCl の物質量は，
　$\frac{107 \text{ g}}{58.5 \text{ g/mol}} \fallingdotseq 1.83 \text{ mol}$

答 1.83 mol/L

[5]. 質量パーセント濃度は溶質の質量，モル濃度は溶質の物質量をそれぞれ基準としている。したがって，相互の換算には，溶質のモル質量も必要である。

$$密度〔g/cm^3〕 = \frac{質量〔g〕}{体積〔cm^3〕}$$
↓
$$質量〔g〕 = 密度〔g/cm^3〕 \times 体積〔cm^3〕$$

溶質の質量〔g〕
= 溶液の質量〔g〕 × $\frac{質量パーセント濃度(\%)}{100}$

1章　物質量と化学反応式

4 化学反応式

1 化学変化は式で表せる

■ **化学反応式** 化学変化(→p.19)を化学式を用いて表したものを，**化学反応式**または**反応式**という。化学反応式は，次のような規則に従って書く。

1 反応する物質(**反応物**)の化学式を左辺，生成する物質(**生成物**)の化学式を右辺に書き，両辺を矢印(──→)で結ぶ。

2 両辺で，各原子の数が等しくなるように，化学式の前に**係数**をつける。係数は，比が最も簡単な整数の比になるようにし，係数の1は省略する。

3 反応の前後で変化しない物質(溶媒や触媒)は，化学反応式には書かない。

2 化学反応式をつくるには…

■ **化学反応式のつくり方** エタン C_2H_6 が完全燃焼すると，二酸化炭素 CO_2 と水 H_2O が生じる。この反応の化学反応式は，次のようにしてつくる。

1 物質を化学式で表す **反応物**の化学式(C_2H_6 と O_2)を左辺，**生成物**の化学式(CO_2 と H_2O)を右辺に書き，両辺を矢印(──→)で結ぶ。

$$C_2H_6 + O_2 \longrightarrow CO_2 + H_2O$$

2 各原子の数が等しくなるように係数をつける

①エタン C_2H_6 の係数を1とおく。

$$1C_2H_6 + O_2 \longrightarrow CO_2 + H_2O$$

②左辺のC原子が2個 ➡ 右辺の CO_2 の係数は2

$$1C_2H_6 + O_2 \longrightarrow 2CO_2 + H_2O$$

③左辺のH原子が6個 ➡ 右辺の H_2O の係数は3

$$1C_2H_6 + O_2 \longrightarrow 2CO_2 + 3H_2O$$

④右辺のO原子が7個 ➡ 左辺の O_2 の係数は $\frac{7}{2}$

$$1C_2H_6 + \frac{7}{2}O_2 \longrightarrow 2CO_2 + 3H_2O$$

$\frac{7}{2} \times 2 = 7$個　$2 \times 2 = 4$個　$3 \times 1 = 3$個

⑤両辺を2倍して，分母を払う。

$$2C_2H_6 + 7O_2 \longrightarrow 4CO_2 + 6H_2O$$

■ **物理変化と化学変化**
物理変化…化学式が不変
化学変化…化学式が変化

1. 気体が発生する場合には，$CO_2\uparrow$ のように，化学式の後に上向きの矢印をつけることがある。また，沈殿が生じる場合には，$AgCl\downarrow$ のように，化学式の後に下向きの矢印をつけることがある。

2. 係数が分数になった場合は，両辺を何倍かして整数にする必要がある。

3. 自身は変化しないが，反応を促進するはたらきをする物質を**触媒**という。

4. 両辺を見ながら暗算で反応式の係数を決めていく方法を**目算法**という。

係数をつけるときの留意点
①元素の種類が最も多い化学式の係数を1とおくとよい。
②③登場回数が少ない原子の数から合わせていくとよい。
④登場回数が多い原子の数は最後に合わせるとよい。
⑤係数が分数になったときは，両辺を何倍かして分母を払う。

■ **未定係数法**　複雑な反応式では，両辺の各原子の数に関する連立方程式をつくり，それを解いて係数を決めていく**未定係数法**を用いる場合もある。

例えば，アンモニアNH_3と酸素O_2が反応して，一酸化窒素NOと水H_2Oが生成する反応では，各物質の係数をa,b,c,dとおくと，

$aNH_3 + bO_2 \longrightarrow cNO + dH_2O$

各原子の数について，方程式をつくると，

N原子について，$a = c$ ……………………………………①
H原子について，$3a = 2d$ ………………………………②
O原子について，$2b = c + d$ ……………………………③

方程式が3つ，未知数が4つなので，このままでは解けない。しかし，$a〜d$の比の値を求めることはできる。

例えば，**$a = 1$** とおくと，$c = 1$, $d = \dfrac{3}{2}$

これらを③へ代入すると，$2b = \dfrac{5}{2}$　$b = \dfrac{5}{4}$

したがって，$a:b:c:d = 1:\dfrac{5}{4}:1:\dfrac{3}{2} = 4:5:4:6$であり，この反応の化学反応式は次のようになる。

$4NH_3 + 5O_2 \longrightarrow 4NO + 6H_2O$

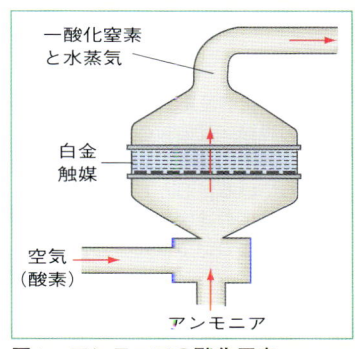

図1. アンモニアの酸化反応
アンモニアの酸化は，このような装置で大規模に行われている。反応を促進するために白金触媒を使用するが，反応前後で変化しないため，反応式中には書き入れない。

❸ イオン反応式とは

■ **イオン反応式**　イオンが関係する反応では，反応に関与しないイオンをとり除き，反応に関与するイオンだけで表した化学反応式を，特に**イオン反応式**という。イオン反応式では，両辺の電荷の総和も等しくする必要がある。

例えば，硝酸銀水溶液と塩化ナトリウム水溶液が反応して，塩化銀の白色沈殿が生じる変化は，ふつうの化学反応式では，

$AgNO_3 + NaCl \longrightarrow AgCl + NaNO_3$

水溶液中でイオンとして存在するものをイオン式で表すと，

$Ag^+ + NO_3^- + Na^+ + Cl^- \longrightarrow AgCl + Na^+ + NO_3^-$

このうち，反応の前後で変化していないNa^+とNO_3^-を省略し，沈殿の生成に関係したイオン式だけで反応式を表すと，次式のようなイオン反応式が得られる。

$Ag^+ + Cl^- \longrightarrow AgCl$

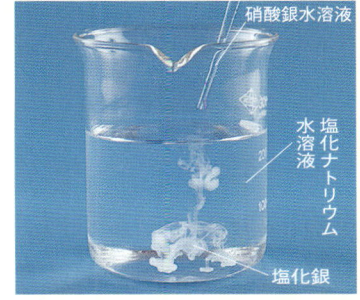

図2. 塩化銀の沈殿

1章　物質量と化学反応式

5 化学変化の量的関係

1. 化学反応式は，反応前の物質の種類，反応後の物質の種類および，その両者の間の量的関係を示している。しかし，反応式からは，反応の途中のようすや，反応の速さについては知ることはできない。

■係数の比が表す内容
①化学式が表す粒子の個数の比。
②各物質の物質量の比。
③気体物質では，同温・同圧のもとでの体積の比。

1 化学変化の量的関係を調べる

■ **化学反応式からわかること** 化学反応式中の化学式は，その物質の種類を表すだけでなく，反応の前後での各物質の量的関係をも表している。例えば，窒素と水素が反応して，アンモニアが生成する反応を考えてみよう。

$$N_2 + 3H_2 \longrightarrow 2NH_3$$

1 窒素1分子と水素3分子が反応して，アンモニア2分子が生成する。

各分子をアボガドロ数 $(6.02×10^{23})$ 倍した粒子集団で考えると，

2 窒素分子 1 mol と水素分子 3 mol が反応して，アンモニア分子 2 mol が生成する。

> **ポイント** 反応式の**係数の比**は，各物質の**物質量（mol）の比**を表す。

モル質量は分子量に〔g/mol〕をつけたものだから，
N_2 = 28 g/mol, H_2 = 2.0 g/mol, NH_3 = 17 g/mol

3 窒素 28 g と水素 2.0 g/mol × 3 mol = 6.0 g が反応して，アンモニア 17 g/mol × 2 mol = 34 g ができる。

気体 1 mol の体積はすべて標準状態で **22.4 L** だから，

4 標準状態で，窒素 22.4 L と水素 22.4 L/mol × 3 mol = 67.2 L が反応して，アンモニア 22.4 L/mol × 2 mol = 44.8 L が生成する。

> **ポイント** 反応式の**係数の比**は，同温・同圧における各気体の**体積の比**を表す。

分子モデル		+		→	
1 化学反応式	N_2		$3H_2$	→	$2NH_3$
2 分子の数	1 個		3 個		2 個
3 物質量	1 mol		3 mol		2 mol
4 質量	28 g		2.0 g×3		17 g×2
体積（標準状態）	22.4 L		22.4 L×3		22.4 L×2

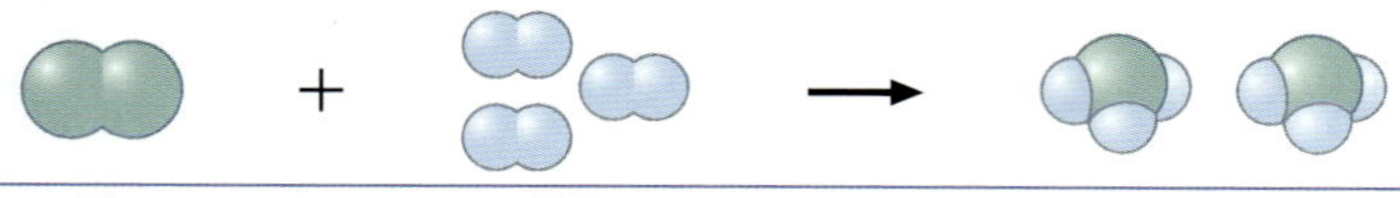

図1．窒素 N_2 と水素 H_2 からアンモニア NH_3 が生成する化学変化での量的関係

2 化学反応式の量的計算

■ **化学反応式による計算の原則** 前ページの関係は、化学変化の量的関係の計算に利用できる。

① 化学反応式を完成させる。
② 反応式の係数の比から、物質量の比を読みとる。
   反応式の係数の比＝物質量の比
③ 与えられた物質の質量〔g〕、体積〔L〕を、物質量〔mol〕に変換する。
④ ③で求めた物質の物質量と②で求めた物質量の比を用いて、問われている物質の物質量を求める。
⑤ ④で求めた物質の物質量〔mol〕を、質量〔g〕や体積〔L〕などに変換する。

■ **化学反応式の量的計算**

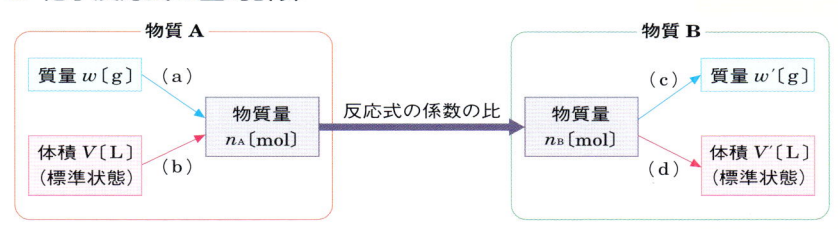

(a), (b)の計算には、次の関係を用いる。

$$物質量〔mol〕 = \frac{物質の質量〔g〕}{モル質量〔g/mol〕} = \frac{気体の体積〔L〕}{22.4\,L/mol}$$

(c), (d)の計算には、次の関係を用いる。

$$物質の質量〔g〕 = モル質量〔g/mol〕 \times 物質量〔mol〕$$
$$気体の体積〔L〕 = 22.4\,L/mol \times 物質量〔mol〕$$

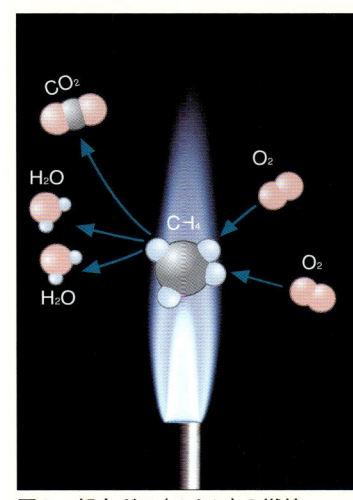

> **例題　化学反応式の量的計算①**
>
> メタン CH_4 3.2 g を完全燃焼させたときに生成する二酸化炭素 CO_2 と水 H_2O は、それぞれ何gか。
> 原子量：$H = 1.0$, $C = 12$, $O = 16$

解説

	CH_4	+	$2O_2$	⟶	CO_2	+	$2H_2O$
物質量の比	1 mol		2 mol		1 mol		2 mol
モル質量	16 g/mol		32 g/mol		44 g/mol		18 g/mol

CH_4 3.2 g の物質量は、モル質量が 16 g/mol であることから、

$$\frac{質量〔g〕}{モル質量〔g/mol〕} = \frac{3.2\,g}{16\,g/mol} = 0.20\,mol$$

図2. 都市ガス(メタン)の燃焼

反応式の係数の比より，

　　生成する CO_2 の物質量は，$0.20\,mol × 1 = 0.20\,mol$
　　生成する H_2O の物質量は，$0.20\,mol × 2 = 0.40\,mol$

生成する CO_2 の質量は，モル質量が $44\,g/mol$ であることから，$44\,g/mol × 0.20\,mol = 8.8\,g$

生成する H_2O の質量は，モル質量が $18\,g/mol$ であることから，$18\,g/mol × 0.40\,mol = 7.2\,g$

答 二酸化炭素…$8.8\,g$　水…$7.2\,g$

例題　化学反応式の量的計算②

アルミニウム Al $2.7\,g$ に十分な量の希塩酸を反応させた。この反応によって発生する水素 H_2 の体積は，標準状態で何 L か。原子量：Al = 27

解説

	$2Al$	+	$6HCl$	⟶	$2AlCl_3$	+	$3H_2$
物質量の比	2 mol		6 mol		2 mol		3 mol

Al $2.7\,g$ の物質量は，モル質量が $27\,g/mol$ であることから，

$$\frac{2.7\,g}{27\,g/mol} = 0.10\,mol$$

反応式の係数の比より，発生する H_2 の物質量は，

$$0.10\,mol × \frac{3}{2} = 0.15\,mol$$

気体のモル体積は標準状態で $22.4\,L/mol$ であるから，発生する H_2 の体積（標準状態）は，

　　$22.4\,L/mol × 0.15\,mol = 3.36 ≒ 3.4\,L$

答 $3.4\,L$

例題　化学反応式の量的計算③

プロパン C_3H_8 $100\,L$ を完全燃焼させるのに必要な酸素 O_2 の体積は，何 L か。ただし，反応はすべて同一温度・圧力のもとで行われるものとする。

解説　気体どうしの反応では，次の関係が成り立つ。

気体の体積の比＝反応式の係数の比

	C_3H_8	+	$5O_2$	⟶	$3CO_2$	+	$4H_2O$
物質量の比	1 mol		5 mol		3 mol		4 mol
体積の比	1	:	5	:	3		（液体）

必要な O_2 の体積を x〔L〕とすると，体積の比より，

　　$100\,L : x$〔L〕$= 1 : 5$　　$x = 500\,L$

答 $500\,L$

図3．プロパンガスの燃焼

まず，反応式を書いてから，与えられた物質を物質量〔mol〕に直そう。

■ 反応物の量に過不足がある場合，少ないほうの物質は全部反応するが，多いほうの物質は余ることに注意する。よって，理論的に不足するほうの物質を基準として，生成物の量を求めるようにする。

> **例題 過不足がある場合の量的関係①**
> 　鉄Feの粉末5.6gと硫黄Sの粉末4.8gをよく混ぜて加熱すると，何gの硫化鉄(Ⅱ)FeSが生成するか。
> 原子量：S = 32，Fe = 56

解説

	Fe	+	S	⟶	FeS
物質量の比	1 mol		1 mol		1 mol

反応物のFeとSの物質量は，それぞれ，

Fe：$\dfrac{5.6\,g}{56\,g/mol} = 0.10\,mol$　　S：$\dfrac{4.8\,g}{32\,g/mol} = 0.15\,mol$

よって，この場合はFeが不足する。すなわち，Feはすべて反応し，生成するFeSの物質量はFeの物質量と同じ0.10 molである。

FeSの式量は56 + 32 = 88なので，モル質量は88 g/molであるから，生成したFeSの質量は，

　　88 g/mol × 0.10 mol = 8.8 g

答　8.8 g

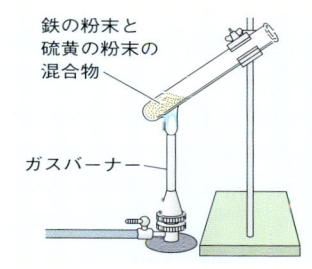

図4．鉄と硫黄の反応
試験管の上部を加熱し，反応が始まったらガスバーナーの火を消す。

> **例題 過不足がある場合の量的関係②**
> 　マグネシウムMg 1.2gを2.0 mol/L硫酸40 mLと反応させた。発生した水素H_2は，標準状態で何Lか。
> 原子量：Mg = 24

解説

	Mg	+	H_2SO_4	⟶	$MgSO_4$	+	H_2
物質量の比	1 mol		1 mol		1 mol		1 mol

反応物のMgと硫酸H_2SO_4の物質量は，それぞれ，

Mg：$\dfrac{1.2\,g}{24\,g/mol} = 0.050\,mol$

H_2SO_4：$2.0\,mol/L × \dfrac{40}{1000}\,L = 0.080\,mol$

よって，この場合はMgが不足し，生成するH_2の物質量はMgの物質量と同じ0.050 molである。

気体のモル体積は標準状態で**22.4 L/mol**であるから，発生したH_2の体積は，

　　22.4 L/mol × 0.050 mol = 1.12 ≒ 1.1 L

答　1.1 L

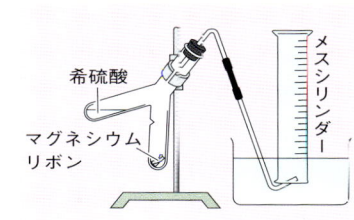

図5．マグネシウムと希硫酸の反応
ふたまた試験管の突起のあるほうにMg(固体)，突起のないほうに希硫酸(液体)を入れる。ふたまた試験管を傾けると，反応が起こって水素が発生するので，水上置換法によりメスシリンダーに捕集する。

1章　物質量と化学反応式

6 化学の基本法則

　18世紀後半から，化学変化に伴う質量の変化が注目されるようになり，さまざまな化学の基本法則が次々と発見され始めた。これらはやがて，物質はすべて原子や分子といった粒子からできているという物質観へと発展していく。

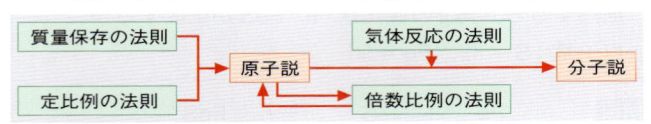

図1．化学の基本法則の変遷

図2．ラボアジエ（1743～1794）
天秤を用いた定量的な方法で質量保存の法則を発見した。

図3．プルースト（1754～1826）
多くの化合物の成分元素の質量の割合を詳しく調べ，定比例の法則を発見した。

図4．ドルトン（1766～1844）
元素は固有の原子からなるという近代的原子説を提唱した。

1 原子説の誕生まで

■ **質量保存の法則**　フランスの**ラボアジエ**は，さまざまな化学変化における反応物と生成物の質量を精密に測定し，次のような**質量保存の法則**を発見した（1774年）。
「化学変化の前後で，物質の質量の総和は一定である。」

■ **定比例の法則**　フランスの**プルースト**は，多くの化合物の成分元素の質量を測定し，次のような**定比例の法則**を発見した（1799年）。
「化合物を構成する元素の質量の比は，常に一定である。」
　例えば，どの銅鉱石からとれる酸化銅(Ⅱ) CuO であっても，質量の比は銅：酸素＝4：1（一定）である。

■ **原子説**　イギリスの**ドルトン**は，質量保存の法則と定比例の法則を矛盾なく説明するため，次のような**原子説**を提唱した（1803年）。
①同じ元素の**原子**は，同じ大きさ，質量，性質をもつ。
②化合物は，異なる原子が一定の割合で結合してできる。
③化学変化は，原子と原子の結合のしかたが変わるだけで，新たに原子が生成したり，消滅することはない。

■ **倍数比例の法則**　イギリスの**ドルトン**は，自らの原子説を説明するために，次のような**倍数比例の法則**を発見した（1803年）。
「2種類の元素A，Bからなる複数の化合物において，一定質量のAと化合するBの質量の比は，簡単な整数の比となる。」

例
$\begin{cases} 一酸化炭素 CO & 炭素：酸素 = 12g：16g \\ 二酸化炭素 CO_2 & 炭素：酸素 = 12g：32g \end{cases}$

炭素12gと化合している酸素の質量の比は1：2である。

2 分子説が生まれるまで

■ **気体反応の法則** フランスの**ゲーリュサック**は，種々の気体どうしの反応を調べ，次のような**気体反応の法則**を発見した（1808年）。

「気体間の反応において，反応または生成する気体の体積は，同温・同圧のもとでは，簡単な整数の比をなす。」

例えば，水素1体積と塩素1体積が反応すると，塩化水素2体積が生成する。

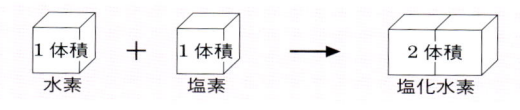

1体積 水素 ＋ 1体積 塩素 → 2体積 塩化水素

図5．ゲーリュサック（1778～1850） 種々の気体反応の体積の関係を調べ，気体反応の法則を発見した。また，温度1℃あたりの気体の体積膨張率を正確に測定した（1802年）。

ゲーリュサックは，ドルトンの原子説に基づき，この法則を説明しようとしたが成功しなかった。

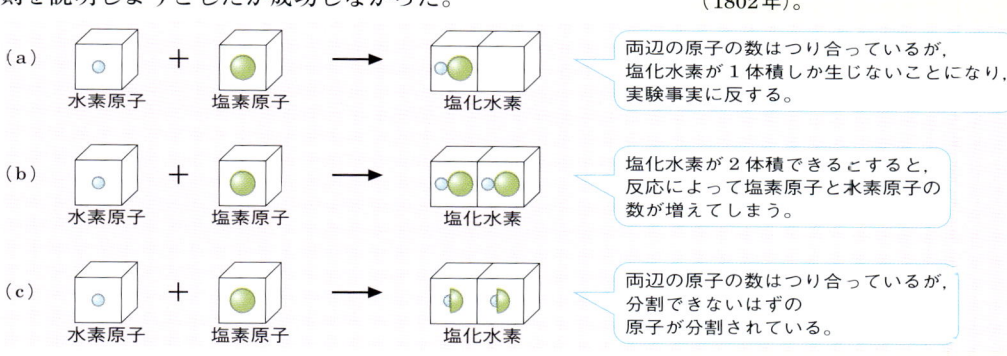

(a) 水素原子 ＋ 塩素原子 → 塩化水素 — 両辺の原子の数はつり合っているが，塩化水素が1体積しか生じないことになり，実験事実に反する。

(b) 水素原子 ＋ 塩素原子 → 塩化水素 — 塩化水素が2体積できるとすると，反応によって塩素原子と水素原子の数が増えてしまう。

(c) 水素原子 ＋ 塩素原子 → 塩化水素 — 両辺の原子の数はつり合っているが，分割できないはずの原子が分割されている。

(b)，(c)の考え方では，ドルトンの原子説に矛盾する。

■ **分子説** イタリアの**アボガドロ**は，気体反応の法則をうまく説明するため，次のような**分子説**を提唱した（1811年）。

① すべての気体は，同種・異種に関わらず，いくつかの原子が結合した**分子**という粒子からなる。
② すべての気体は，同温・同圧のもとでは，同体積中に同数の分子を含む（**アボガドロの法則**）。

アボガドロは，分子説をもとに，気体反応の法則を見事に説明した。例えば，水素と塩素がそれぞれ同種類の2個の原子からなる分子であるとすれば，気体反応の法則をドルトンの原子説と矛盾なく説明できる。

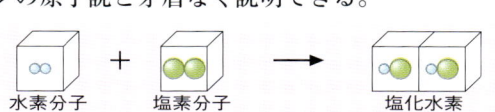

図6．アボガドロ（1776～1856） 彼の分子説は，実験による検証をともなわなかったため，無視され続け，1860年になって，ようやく，その内容が正しいことが認められた。

水素分子 ＋ 塩素分子 → 塩化水素 — 原子を分割せずに，水素：塩素：塩化水素＝1：1：2の実験事実を説明できる。

1章　物質量と化学反応式

重要実験 気体の分子量を求める

方法

1. 電子てんびんで，実験用ガスボンベの質量を測定する（図1）。
2. 水道水を入れた水槽に，水道水で満たしたメスシリンダー（500 mL）を倒立させておく。
3. ガスボンベに気体誘導管をつなぎ，気体をもらさないように注意しながら，メスシリンダーに気体を約500 mLだけ捕集する（図2）。
4. 捕集した気体の体積を，メスシリンダーの目盛りから読みとる（図3）。
    * このとき，水槽とメスシリンダー内の水面を一致させておく。
5. ガスボンベが水でぬれていたらよく拭きとり，再び，電子てんびんで質量を測定する。
6. 以上の操作を，窒素と未知の気体について行う。窒素の分子量を28として，**2種類の気体の密度の比から**，未知の気体の分子量を求める。

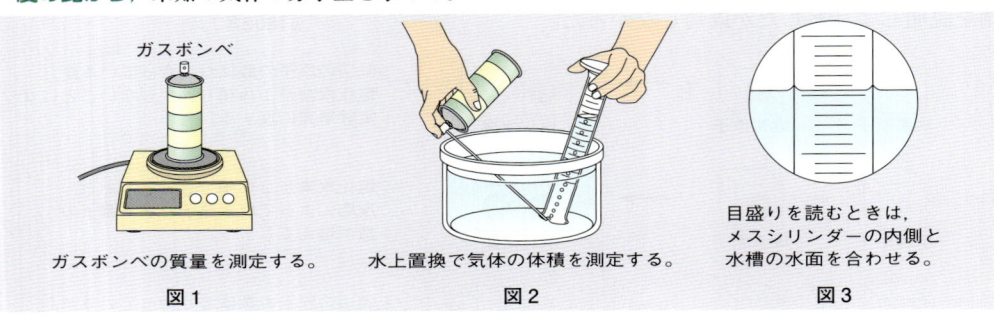

ガスボンベの質量を測定する。
図1

水上置換で気体の体積を測定する。
図2

目盛りを読むときは，メスシリンダーの内側と水槽の水面を合わせる。
図3

結果

	方法1でのガスボンベの質量 W_1〔g〕	方法5でのガスボンベの質量 W_2〔g〕	捕集した気体の質量 $(W_1 - W_2)$〔g〕	捕集した気体の体積〔mL〕	捕集した気体の体積〔L〕
窒素	76.61	76.13	① 0.48	460	③ 0.46
未知の気体	75.38	74.58	② 0.80	480	④ 0.48

考察

1. それぞれの気体の密度〔g/L〕を求めてみよ。
    → 窒素：$\frac{①}{③} = \frac{0.48\,\text{g}}{0.46\,\text{L}} ≒ $ **1.04 g/L**，未知の気体：$\frac{②}{④} = \frac{0.80\,\text{g}}{0.48\,\text{L}} ≒ $ **1.67 g/L**

2. 未知の気体の分子量を求めてみよ。
    → **アボガドロの法則**より，温度・圧力が同じならば，同体積の気体中には同数の分子が含まれる。したがって，気体1 Lあたりの質量を比較することは，それぞれの気体分子1個の相対質量（分子量）を比較することと同じ結果となる。

    窒素の密度：未知の気体の密度＝窒素の分子量（28）：未知の気体の分子量（x）

    $1.04\,\text{g/L} : 1.67\,\text{g/L} = 28 : x$

    $x ≒ $ **45**

テスト直前チェック 定期テストにかならず役立つ！

1. ☐ ^{12}C 原子の質量を 12 と定め，これとの比較で求めた原子の質量を何とよぶ？
2. ☐ 各同位体の相対質量に存在比をかけて求めた平均値を，元素の何という？
3. ☐ $^{12}C=12$ を基準として求めた分子の相対質量を何という？
4. ☐ 組成式やイオン式を構成する原子の原子量の総和を何という？
5. ☐ ^{12}C 12 g 中に含まれる ^{12}C 原子の数（$6.02×10^{23}$）のことを何とよぶ？
6. ☐ $6.02×10^{23}$ 個の同一粒子の集団を何とよぶ？
7. ☐ 物質 1 mol あたりの質量を何という？
8. ☐ 0 ℃，$1.01×10^5$ Pa の状態を，特に何という？
9. ☐ 0 ℃，$1.01×10^5$ Pa のとき，気体 1 mol の体積は何 L を示す？
10. ☐ 溶液をつくるには，一般に何と何が必要？
11. ☐ 溶液中に含まれる溶質の割合のことを何という？
12. ☐ 溶液の質量に対する溶質の質量をパーセントで表した濃度を何という？
13. ☐ 溶液 1 L 中に含まれる溶質の物質量で表した濃度を何という？
14. ☐ 13 での濃度の単位は何？
15. ☐ 化学変化のようすを化学式を用いて表したものを何という？
16. ☐ 化学反応式において，両辺での各原子の数が等しくなるように化学式の前につける数字を何とよぶ？
17. ☐ 反応に関係したイオンだけで表した化学反応式を特に何という？
18. ☐ 化学変化の前後では，物質の質量の総和は一定であるという法則名は何？
19. ☐ 化合物を構成する成分元素の質量の比は一定であるという法則名は何？
20. ☐ 反応に関係する気体の体積の比は簡単な整数の比をなすという法則名は何？
21. ☐ 気体は，同温・同圧のもとで同体積中に同数の分子を含むという法則名は何？
22. ☐ 18 の法則を発見した化学者の名前は何？

解答

1. 相対質量
2. 原子量
3. 分子量
4. 式量
5. アボガドロ数
6. 1 mol
7. モル質量
8. 標準状態
9. 22.4 L
10. 溶媒，溶質
11. 濃度
12. 質量パーセント濃度
13. モル濃度
14. mol/L
15. 化学反応式
16. 係数
17. イオン反応式
18. 質量保存の法則
19. 定比例の法則
20. 気体反応の法則
21. アボガドロの法則
22. ラボアジエ

定期テスト予想問題　解答 → p.135

1 物質量

次の文中の[　]に適する語句や数を記せ。

　原子や分子は極めて小さい粒子であり、数多く集めなければ、実際に測定できるほどの質量にはならない。どんな物質でも、①[　　　]や②[　　　]にグラム単位〔g〕をつけた質量の中には、それぞれ③[　　　]個の原子や分子を含んでいる。そこで、この③個の原子や分子の集団を1④[　　　]と定める。このように、粒子の個数に基づいて物質の量を表したものが⑤[　　　]である。

2 原子量

次の問いに有効数字2桁で答えよ。
原子量：O = 16
アボガドロ定数：6.0×10^{23}/mol

(1) 1個の質量が 3.83×10^{-23} g である原子の原子量はいくらか。

(2) 相対質量が ^{12}C 原子の3.25倍である原子の原子量はいくらか。

(3) 0.20 mol の質量が 6.4 g である原子の原子量はいくらか。

(4) 酸化銅（Ⅱ）CuO 9.54 g を水素で還元すると、7.62 g の銅 Cu が得られた。銅の原子量はいくらか。

3 物質量の計算

4.0 g のメタン CH_4 について、次の問いに答えよ。
原子量：H = 1.0、C = 12
アボガドロ定数：6.0×10^{23}/mol

(1) この気体の物質量は何 mol か。
(2) この気体の標準状態での体積は何 L か。
(3) この気体中には、CH_4 分子は何個存在するか。
(4) この気体中には、水素原子と炭素原子が合わせて何個存在するか。

4 物質量の計算

二酸化炭素 CO_2 について、次の問いに答えよ。
原子量：C = 12、O = 16
アボガドロ定数：6.0×10^{23}/mol

(1) CO_2 のモル質量は何 g/mol か。
(2) CO_2 4.4 g の物質量は何 mol か。
(3) CO_2 4.4 g の標準状態での体積は何 L か。
(4) CO_2 分子1個の質量は何 g か。

5 溶液の調製

1.0 mol/L の塩化ナトリウム水溶液を 1.0 L つくりたい。
原子量：Na = 23、Cl = 35.5

(1) 右の図は、溶液を調製するときに使用するガラス器具である。この器具の名称を答えよ。

(2) この水溶液を調製する方法として正しいものを、次の**ア**〜**エ**から選べ。
　ア　塩化ナトリウム 58.5 g を、水 1.0 L に溶かす。
　イ　塩化ナトリウム 58.5 g を、水 1.0 mol に溶かす。
　ウ　塩化ナトリウム 58.5 g を、水 1.0 kg に溶かす。
　エ　塩化ナトリウム 58.5 g を水に溶かし、1 L にする。

6 濃度の換算

96.0 % 濃硫酸の密度を 1.84 g/cm³ として、次の問いに答えよ。
原子量：H = 1.0、O = 16、S = 32

(1) この濃硫酸のモル濃度は何 mol/L か。
(2) この濃硫酸 v〔mL〕を水で薄めて全量を 200 mL にすると、モル濃度が 1.00 mol/L になった。v の値を求めよ。

7 化学反応式の係数

次の化学反応式の□に適する係数を記せ。ただし，係数が1になるときは1と記せ。

(1) □C_3H_8 + □O_2 ⟶ □CO_2 + □H_2O
(2) □P + □O_2 ⟶ □P_4O_{10}
(3) □C_2H_6 + □O_2 ⟶ □CO_2 + □H_2O
(4) □Al + □O_2 ⟶ □Al_2O_3
(5) □Al^{3+} + □OH^- ⟶ □$Al(OH)_3$
(6) □Cu + □HNO_3 ⟶ □$Cu(NO_3)_2$ + □H_2O + □NO

8 化学反応式とイオン反応式

次の(1)を化学反応式で，(2)をイオン反応式でそれぞれ示せ。

(1) 酸化マンガン(Ⅳ)に濃塩酸を加えて熱すると，塩化マンガン(Ⅱ)が生成し，塩素が発生する。
(2) 硫酸銅(Ⅱ)水溶液に塩化バリウム水溶液を加えると，硫酸バリウムの白色沈殿が生じる。

9 化学反応式と量的関係

次の表中の①〜⑨にあてはまる数を記せ。
原子量：H = 1.0，N = 14

化学反応式	$3H_2$	+ N_2	⟶ $2NH_3$
分子の数	①分子	1分子	2分子
物質量	②個 3.0 mol	6.0×10^{23}個 ④mol	③個 ⑤mol
質量	⑥g	⑦g	34 g
体積（標準状態）	⑧L	22.4 L	⑨L

10 化学反応式による計算

次の問いに答えよ。
原子量：H = 1.0，C = 12，N = 14，O = 16，Mg = 24

(1) マグネシウム12 gを燃焼させると，酸化マグネシウムは何g生成するか。
(2) メタン3.2 gを完全燃焼させるには，酸素は何g必要か。
(3) 水素と窒素からアンモニア3.4 gをつくりたい。水素と窒素はそれぞれ何g必要か。
(4) プロパンC_3H_8 22 gを完全燃焼させた。
　① 生成した水は何gか。
　② 発生した二酸化炭素は標準状態で何Lか。

11 化学の基本法則

次の各量を求めよ。また，化学の基本法則のどれに基づいて計算したかを記せ。
原子量：H = 1.0，O = 16

(1) 炭素2.4 gを完全燃焼させたところ，二酸化炭素が8.8 g生じた。炭素と反応した酸素は何gか。
(2) 酸素2.4 gは，何gの水素と化合して水になるか。
(3) 標準状態で10 Lの一酸化炭素が完全燃焼すると，標準状態で何Lの二酸化炭素が得られるか。

2章 酸と塩基の反応

1 酸と塩基

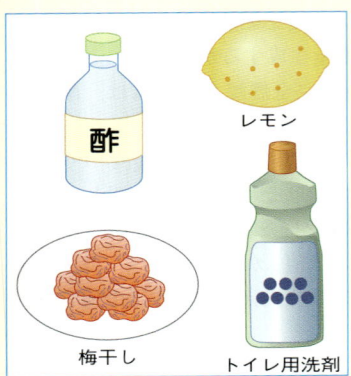

図1．身近な酸
トイレ用洗剤には，約10%の塩酸が含まれる。

❂1．分子中に，酸素を含まない酸を**水素酸**，酸素を含む酸を**オキソ酸**，カルボキシ基(-COOH)という原子団を含む酸を**有機酸**（カルボン酸）という。

❂2．電離によって生じた水素イオンH^+は，水溶液中では水分子H_2Oと結合し，**オキソニウムイオンH_3O^+**となっている。したがって，水溶液中での塩化水素HClの電離を厳密に表すと，次のようになる。

$HCl + H_2O \longrightarrow H_3O^+ + Cl^-$

しかし，化学反応式を書くときは，H_3O^+を略してH^+と書いてよい。

酸の水溶液も塩基の水溶液も電気を導くよ。

1 酸に共通な性質

■ 塩化水素HClや硫酸H_2SO_4，酢酸CH_3COOHなどの水溶液には，次のような共通の性質がある。

1 青色リトマス紙を赤く変える。
2 酸味がある。
3 塩基と反応して，**塩基の性質を弱める**作用がある。
4 マグネシウムMg，亜鉛Zn，鉄Feなどの金属を溶かし，**水素H_2を発生する**。

このような性質を**酸性**といい，酸性を示す物質を**酸**という。

水素酸		オキソ酸		有機酸	
塩　酸	HCl	硫酸	H_2SO_4	酢酸	CH_3COOH
臭化水素酸	HBr	硝酸	HNO_3	シュウ酸	$(COOH)_2$
フッ化水素酸	HF	炭酸	H_2CO_3		

表1．おもな酸とその分類 ❂1

■ **酸性の正体**　塩化水素や酢酸は，水溶液中で次のように電離する。このときに生じる**水素イオンH^+**が，酸性を示すもとである。

$HCl \longrightarrow H^+ + Cl^-$　　$CH_3COOH \longrightarrow H^+ + CH_3COO^-$

2 塩基に共通な性質

■ 水酸化ナトリウムNaOHや水酸化カリウムKOH，水酸化カルシウム$Ca(OH)_2$の水溶液には，次のような共通の性質がある。

1 赤色リトマス紙を青く変える。
2 酸と反応して，**酸の性質を弱める**作用がある。
3 フェノールフタレインを無色から赤色に変える。

このような性質を**塩基性（アルカリ性）**といい，塩基性を示す物質を**塩基**という。また，塩基のうち，水に溶けやすいものは特に**アルカリ**ともいう。

水に可溶性の塩基（アルカリ）		水に難溶性の塩基	
水酸化ナトリウム	NaOH	水酸化マグネシウム	$Mg(OH)_2$
水酸化カリウム	KOH	水酸化アルミニウム	$Al(OH)_3$
水酸化カルシウム	$Ca(OH)_2$	水酸化亜鉛	$Zn(OH)_2$
水酸化バリウム	$Ba(OH)_2$	水酸化鉄(Ⅲ)	$Fe(OH)_3$
アンモニア	NH_3		

表2．おもな塩基とその分類

図2．身近な塩基
石灰の主成分は水酸化カルシウム $Ca(OH)_2$，木灰の主成分は炭酸カリウム K_2CO_3 である。

■ **塩基性の正体** 水酸化ナトリウムや水酸化カルシウムは，水溶液中で次のように電離する。このときに生じる水酸化物イオン OH^- が，塩基性を示すもとである。

$$NaOH \longrightarrow Na^+ + OH^-$$
$$Ca(OH)_2 \longrightarrow Ca^{2+} + 2OH^-$$

■ **アンモニア** アンモニア NH_3 は，分子中に水酸化物イオン OH^- になる構造をもたないが，水に溶かすとその一部が水 H_2O と反応して OH^- を生じるため，塩基に含める。

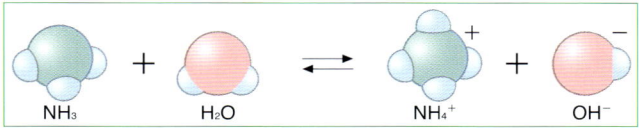

図3．アンモニア NH_3 と水 H_2O の反応

3 酸・塩基の定義

■ **アレニウスの定義**（1887年）

> 酸……水溶液中で電離して，H^+ を生じる物質。
> 塩基…水溶液中で電離して，OH^- を生じる物質。

3. アレニウスはスウェーデンの化学者で，電解質の水溶液の電気伝導性の研究から電離説を提唱した。1903年にノーベル化学賞を受賞した。

■ **ブレンステッド・ローリーの定義**（1923年） ブレンステッド（デンマーク）とローリー（イギリス）は，水に溶けない物質や，水以外の溶媒中ではたらく酸・塩基などを不都合なく説明するために，次のように酸・塩基を定義した。

> 酸……H^+ を与えることができる分子やイオン。
> 塩基…H^+ を受けとることができる分子やイオン。

この定義によれば，水 H_2O は，相手の物質によって酸にも塩基にもなり得る。

例えば，塩化水素 HCl が水 H_2O に溶ける場合の変化は，

$$H_2O + HCl \longrightarrow H_3O^+ + Cl^-$$
　　（塩基）（酸）

である。この場合，HClは水素イオン H^+ を与えるので酸であり H_2O（水）は H^+ を受けとるので，塩基である。

4. アンモニア NH_3 が水に溶ける場合の変化は，

$$H_2O + NH_3 \longrightarrow OH^- + NH_4^+$$
　（酸）　（塩基）

である。この場合，H_2O が H^+ を与えるので酸であり，NH_3 は H^+ を受けとるので塩基である。

2章　酸と塩基の反応

2 酸・塩基の強弱

1 酸・塩基の価数

■ **酸の価数** 酸の化学式中で，水素イオンH^+になることができる水素原子Hの数を，**酸の価数**という。例えば，塩化水素HClは**1価の酸**，硫酸H_2SO_4は**2価の酸**である。また，2価以上の酸を**多価の酸**という。

⭕ 1. 酢酸CH_3COOHは分子中に水素原子Hを4個もっているが，このうち水素イオンH^+になるのはCOOHの部分の1個だけなので，1価の酸に分類される。

1価の酸	2価の酸	3価の酸
塩　酸　　HCl 硝　酸　　HNO_3 酢　酸　　CH_3COOH ⭕1	硫　酸　　H_2SO_4 硫化水素　H_2S シュウ酸　$(COOH)_2$ 炭　酸　　H_2CO_3	リン酸　　H_3PO_4

表1．おもな酸とその価数

■ **塩基の価数** 塩基の化学式中で，水酸化物イオンOH^-になることができるOHの数を，**塩基の価数**という。例えば，水酸化ナトリウムNaOHは**1価の塩基**，水酸化カルシウム$Ca(OH)_2$は**2価の塩基**である。また，2価以上の塩基を**多価の塩基**という。

1価の塩基	2価の塩基	3価の塩基
水酸化ナトリウム　NaOH 水酸化カリウム　　KOH アンモニア　　　　NH_3	水酸化カルシウム　$Ca(OH)_2$ 水酸化バリウム　　$Ba(OH)_2$ 水酸化銅(Ⅱ)　　　$Cu(OH)_2$	水酸化アルミニウム　$Al(OH)_3$ 水酸化鉄(Ⅲ)　　　　$Fe(OH)_3$

表2．おもな塩基とその価数

■ **酸・塩基の価数と強弱** 酸・塩基の価数は，酸・塩基の強弱とは無関係である。

2 酸・塩基の電離度とは

■ 塩酸と酢酸はともに1価の酸であるが，同濃度の塩酸と酢酸に亜鉛板を入れると，気体の発生のしかたは塩酸のほうが激しい（図1）。これは，塩酸では塩化水素HClの分子がほとんど電離しているのに対し，酢酸では酢酸CH_3COOHの分子の一部しか電離していないからである。

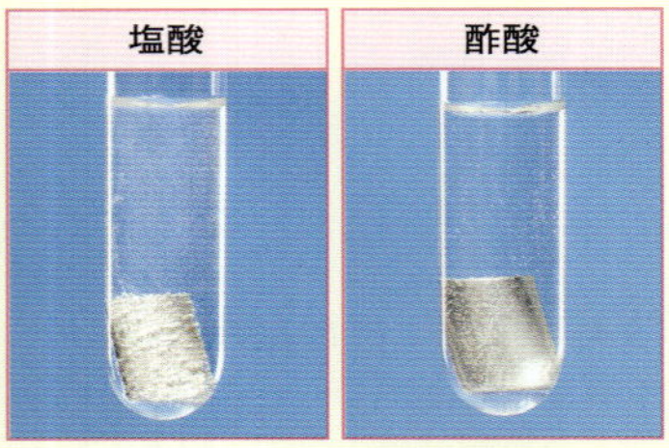

■ **電離度** 酸や塩基などの電解質が水溶液中で電離する割合を**電離度**という。

図1．1 mol/Lの酸と亜鉛の反応

⭕ 2. 電離度αは，0＜α≦1の値をとる。

ポイント　電離度　$\alpha = \dfrac{電離した酸・塩基の物質量〔mol〕}{溶かした酸・塩基の物質量〔mol〕}$ ⭕2

■ **多段階の電離** 硫酸 H_2SO_4 のような多価の酸の場合，最初に1個目の水素イオン H^+ が電離し，次いで，2個目の H^+ が電離する。[*3]

（第1段階）$H_2SO_4 \rightleftarrows H^+ + HSO_4^-$（硫酸水素イオン）
（第2段階）$HSO_4^- \rightleftarrows H^+ + SO_4^{2-}$（硫酸イオン）

✦3. 第1段階の電離度が最も大きく，第2段階，第3段階と電離が進むほど電離度が小さくなる。

> **例題** 酸の電離度
>
> 1価の酸 0.020 mol を水に溶かすと，水素イオン H^+ が 2.6×10^{-4} mol 生じた。この酸の電離度を求めよ。

解説 電離度 $\alpha = \dfrac{\text{電離した酸の物質量〔mol〕}}{\text{溶かした酸の物質量〔mol〕}}$

$= \dfrac{2.6 \times 10^{-4}\,\text{mol}}{0.020\,\text{mol}} = 1.3 \times 10^{-2}$

答 1.3×10^{-2}

③ 酸・塩基の強弱

■ **電離度と酸・塩基の強弱** 同じ濃度の酸・塩基の溶液でも，電離度が大きいものほど溶液中にたくさんの水素イオン H^+ や水酸化物イオン OH^- が存在するので，酸・塩基としてのはたらきが強くなる。

電離度が1に近い酸・塩基を**強酸・強塩基**，電離度が1よりかなり小さい酸・塩基を**弱酸・弱塩基**という。

酸・塩基の種類	電離式	電離度	分類
塩酸	$HCl \rightleftarrows H^+ + Cl^-$	0.94	強酸
硝酸	$HNO_3 \rightleftarrows H^+ + NO_3^-$	0.92	
硫酸	$H_2SO_4 \rightleftarrows H^+ + HSO_4^-$	0.61	
リン酸	$H_3PO_4 \rightleftarrows H^+ + H_2PO_4^-$	0.27	中程度の酸
酢酸	$CH_3COOH \rightleftarrows H^+ + CH_3COO^-$	0.016	弱酸
炭酸	$H_2CO_3 \rightleftarrows H^+ + HCO_3^-$	0.0017	
水酸化カリウム	$KOH \rightleftarrows K^+ + OH^-$	0.89	強塩基
水酸化ナトリウム	$NaOH \rightleftarrows Na^+ + OH^-$	0.84	
水酸化バリウム	$Ba(OH)_2 \rightleftarrows Ba^{2+} + 2OH^-$	0.80	
アンモニア	$NH_3 + H_2O \rightleftarrows NH_4^+ + OH^-$	0.013	弱塩基

表3．おもな酸・塩基水溶液の電離度（25℃，0.1 mol/L 水溶液）

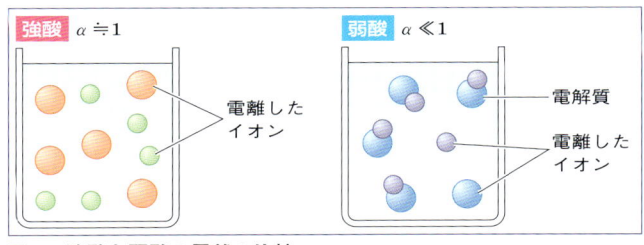

強酸 $\alpha \fallingdotseq 1$　　**弱酸** $\alpha \ll 1$

図3．強酸と弱酸の電離の比較

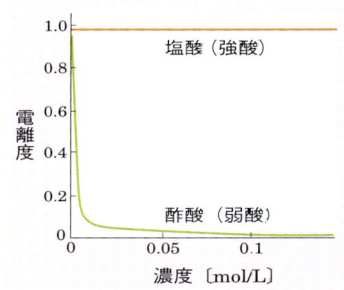

図2．酸の濃度と電離度の関係
一般に，弱酸の電離度は，濃度が小さくなるほど1に近づく。これに対して，塩化水素や水酸化ナトリウムのような強酸・強塩基の電離度は常に1に近い。
〔注意〕濃度が小さくなると電離度が1に近づくから，酸性は強くなると早合点してはいけない。α が1に近づいても，濃度が小さくなった影響のほうが大きいため，水素イオンの濃度は小さくなる（表4を参照）。

酢酸の濃度〔mol/L〕	電離度	水素イオンの濃度〔mol/L〕
1.0	0.0052	0.0052
0.1	0.016	0.0016
0.01	0.051	0.00051
0.001	0.15	0.00015
0.00001	0.75	0.0000075

表4．酢酸の濃度と電離度の関係（25℃）

2章　酸と塩基の反応　89

3 水素イオン濃度とpH

1 水も電離する

■ **水の電離**　純粋な水(純水)でもわずかに電気伝導性を示す。これは、水分子の一部が次のように電離し、水素イオンH^+と水酸化物イオンOH^-に電離しているためである。

$$H_2O \rightleftarrows H^+ + OH^-$$

H^+のモル濃度を**水素イオン濃度**といい、記号$[H^+]$で表す。同様に、OH^-のモル濃度を**水酸化物イオン濃度**といい、記号$[OH^-]$で表す。

純水では、水素イオン濃度$[H^+]$と水酸化物イオン濃度$[OH^-]$は等しく、25℃では次のようになる。

> **ポイント**
> 純水中では、
> $[H^+] = [OH^-] = 1.0 \times 10^{-7}\,\text{mol/L}$

■ **水のイオン積** 発展　水に塩酸のような酸を溶かすと、$[H^+]$は増加するが、$[OH^-]$は減少する。逆に、水に水酸化ナトリウムのような塩基を溶かすと、$[OH^-]$は増加するが、$[H^+]$は減少する。このように、$[H^+]$と$[OH^-]$は反比例の関係にあり、水溶液中の$[H^+]$と$[OH^-]$の積は、温度が同じであれば、常に一定である。

$[H^+]$と$[OH^-]$の積を**水のイオン積**といい、記号K_wで表す。水のイオン積の値は、25℃では次のようになる。

> **ポイント**
> $K_w = [H^+] \times [OH^-] = 1.0 \times 10^{-14}\,(\text{mol/L})^2$
> (25℃)の関係は、すべての水溶液で常に成り立つ。

この関係を用いると、$[H^+]$または$[OH^-]$の一方の値がわかれば、他方の値を求めることができる。

温度[℃]	K_w [$(\text{mol/L})^2$]
0	0.114×10^{-14}
10	0.295×10^{-14}
20	0.676×10^{-14}
25	1.00×10^{-14}
35	2.04×10^{-14}
60	9.55×10^{-14}

表1. 水のイオン積K_wと水温

◎1. 酸性の水溶液には水素イオンH^+が多く存在するが、水酸化物イオンOH^-も少しだけ存在する。塩基性の水溶液では、これと逆の状態にある。

◎2. 水のイオン積K_wの式は、純水だけでなく、酸・塩基などのすべての水溶液中で成立する普遍的な関係である。

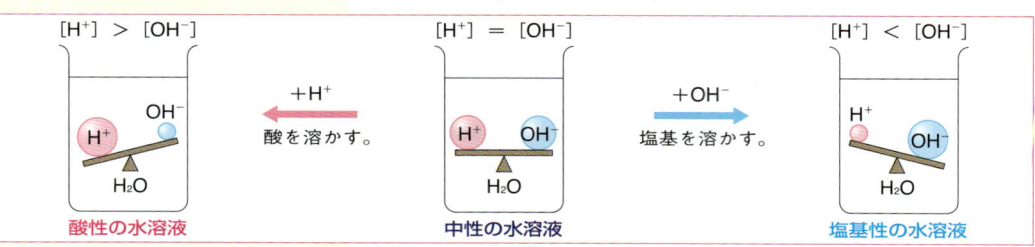

図1. 水溶液中の$[H^+]$と$[OH^-]$の関係
水溶液中のH^+とOH^-の円の大きさは、それぞれの濃度の大小を表す。

2 水素イオン濃度の求め方

■ **水素イオン濃度** 1価の酸の水素イオン濃度$[H^+]$は,次式で求められる。

　　$[H^+]＝$酸のモル濃度×電離度

例 **0.10 mol/L 塩酸(電離度1)の水素イオン濃度**
　　$[H^+] = 0.10 × 1 = 0.10 = 1.0 × 10^{-1}$ mol/L

例 **0.10 mol/L 酢酸(電離度0.016)の水素イオン濃度**
　　$[H^+] = 0.10 × 0.016 = 0.0016 = 1.6 × 10^{-3}$ mol/L

■ **水酸化物イオン濃度** 1価の塩基の水酸化物イオン濃度$[OH^-]$は,次式で求められる。

　　$[OH^-]＝$塩基のモル濃度×電離度

例 **0.20 mol/L アンモニア水(電離度0.028)の水酸化物イオン濃度**
　　$[OH^-] = 0.20 × 0.028 = 0.0056 = 5.6 × 10^{-3}$ mol/L

> 強酸・強塩基の場合は,電離度を1として計算するよ。

例題　塩基性溶液の水素イオン濃度 発展

0.01 mol/L の水酸化ナトリウム水溶液の水素イオン濃度を求めよ。ただし,電離度は1とする。

解説　電離度が1だから,水酸化ナトリウムNaOHは全部電離している。したがって,

$[OH^-] = 0.01 × 1 = 1 × 10^{-2}$ mol/L

$[H^+] = \dfrac{K_w}{[OH^-]} = \dfrac{1 × 10^{-14}}{1 × 10^{-2}} = \mathbf{1 × 10^{-12}}$ **mol/L** ●3

答　$1 × 10^{-12}$ mol/L

> ✪ **3. 指数の計算法則**
> ① $10^a × 10^b = 10^{a+b}$
> ② $10^a ÷ 10^b = 10^{a-b}$
> ③ $(10^a)^b = 10^{ab}$
> 例 $\dfrac{10^{-14}}{10^{-2}} = 10^{-14-(-2)} = 10^{-12}$

3 酸性・塩基性の強さの表し方

■ **酸性・塩基性の強弱** 酸性の強弱は水素イオン濃度$[H^+]$の大小で決まり,塩基性の強弱は水酸化物イオン濃度$[OH^-]$の大小で決まる。水のイオン積の式より,$[H^+]$と$[OH^-]$のうち,一方が決まれば他方も決まる。したがって,**水溶液の酸性・塩基性の強弱は,水素イオン濃度の大小だけで表すことができる**。なお,25℃の水溶液では,$[H^+]$と$[OH^-]$の間には,次の関係が成り立つ。

> **ポイント**
> 酸　性…$[H^+] > 1 × 10^{-7}$ **mol/L** $> [OH^-]$
> 中　性…$[H^+] = 1 × 10^{-7}$ **mol/L** $= [OH^-]$
> 塩基性…$[H^+] < 1 × 10^{-7}$ **mol/L** $< [OH^-]$

4 pHとは何か

■ **pH** 水溶液中の水素イオン濃度[H^+]は，通常，小さな値になるため，そのままでは扱いにくい。そこで，水溶液の酸性・塩基性の強弱は，[H^+]のかわりに，[H^+]を10^{-n} mol/Lの形で表したときのnの値を用いて表す。この数値を**pH（水素イオン指数）**という。

例　[H^+] = 10^{-2} mol/Lのとき，pHは2である。

❂4.　[H^+] = 10^{-n} mol/Lのとき，指数だけをとり出すと$-n$である。この符号を変えた数値がpHである。

> **ポイント**
> [H^+] = 10^{-n} mol/L ⇔ pH = n

❂5.　水素イオン濃度とpH

[H^+] = 10^{-7} mol/L ➡ pH = 7
[H^+] = 10^{-14} mol/L ➡ pH = 14
[H^+] = 10^{-1} mol/L ➡ pH = 1

■ **pHと水溶液の性質**　pHと水溶液の酸性・中性・塩基性との関係を示すと，次のようになる。

> **ポイント**
> 酸性…**pH < 7**，中性…**pH = 7**，塩基性…**pH > 7**
> 酸性が強いほど，**pHは小さく**なる。
> 塩基性が強いほど，**pHは大きく**なる。

pH	0	1	2	3	4	5	6	7	8	9	10	11	12	13	14
[H^+] [mol/L]	1	10^{-1}	10^{-2}	10^{-3}	10^{-4}	10^{-5}	10^{-6}	10^{-7}	10^{-8}	10^{-9}	10^{-10}	10^{-11}	10^{-12}	10^{-13}	10^{-14}
[OH^-] [mol/L]	10^{-14}	10^{-13}	10^{-12}	10^{-11}	10^{-10}	10^{-9}	10^{-8}	10^{-7}	10^{-6}	10^{-5}	10^{-4}	10^{-3}	10^{-2}	10^{-1}	1
水溶液の性質	強		酸性				弱	中性	弱			塩基性			強

表2　水素イオン濃度と**pH**の関係　[H^+]が10倍になるとpHが1小さくなり，[OH^-]が10倍になるとpHは1大きくなる。

例題　pHの求め方

(1)　0.10 mol/L 塩酸のpHを求めよ。
(2) **発展**　0.10 mol/L 水酸化ナトリウム水溶液のpHを求めよ。

解説　(1)　塩酸は1価の強酸で，完全に電離している。
[H^+] = 0.10 mol/L = 1.0×10^{-1} mol/L
したがって，pH = 1

(2)　水酸化ナトリウムは1価の強塩基で，完全に電離している。
[OH^-] = 0.10 mol/L = 1.0×10^{-1} mol/L
[H^+] = $\dfrac{K_w}{[OH^-]} = \dfrac{1.0 \times 10^{-14} \, (\text{mol/L})^2}{1.0 \times 10^{-1} \, \text{mol/L}}$
　　　= 1.0×10^{-13} mol/L
したがって，pH = 13

答　(1)　1　　(2)　13

■ **対数を用いたpHの求め方** 発展　pHは，水素イオン濃度[H^+]の対数を用いて，次のように定義される。

$$pH = -\log_{10}[H^+]$$

対数を用いれば，水溶液のpHを計算で求められる。

> **例題　対数を用いたpHの求め方** 発展
> [H^+] = 0.020 mol/L の酸性水溶液のpHを求めよ。
> $\log_{10} 2 = 0.30$

解説　pH = $-\log_{10}[H^+]$ = $-\log_{10}(2 \times 10^{-2})$
　　　　　= $2 - \log_{10} 2 = 1.7$

答　1.7

◎6. $10^x = y$ のとき，$x = \log_{10} y$（ログ10底のy）と表し，xをyの**対数**（常用対数）という。

> ■ **対数の計算法則**
> $\log_{10} 1 = 0$
> $\log_{10} 10 = 1$
> $\log(a \times b) = \log a + \log b$
> $\log\left(\dfrac{a}{b}\right) = \log a - \log b$

5　pHの測り方

■ **酸塩基指示薬**　水溶液のpHによって色調が変化する物質を**酸塩基指示薬（pH指示薬）**といい，色調が変化するpHの範囲を，その指示薬の**変色域**という（図2）。

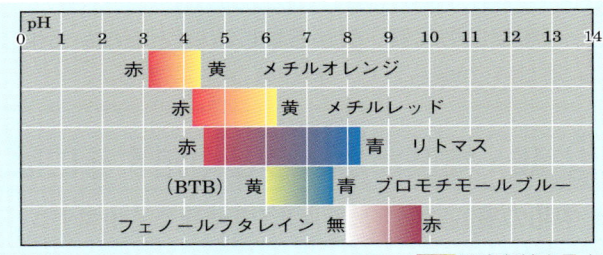

図2．おもな指示薬とその変色域

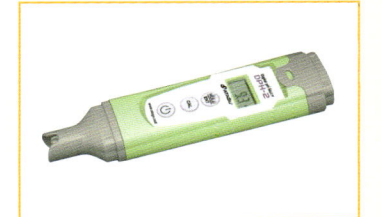

図3．pHメーター
水溶液中にガラス電極を浸すと，pHの値が表示される。

■ **pHの測定**　水溶液の正確なpHは**pHメーター**（図3）によって測定できる。一方，水溶液のおよそのpHは，酸塩基指示薬（指示薬）の色の変化を利用した**pH試験紙**（図4）によって知ることができる。

図4．万能pH試験紙
1枚の試験紙で，すべての範囲のpHが測定でき便利である。

pH	0	1	2	3	4	5	6	7	8	9	10	11	12	13	14
[H^+]〔mol/L〕	1	10^{-1}	10^{-2}	10^{-3}	10^{-4}	10^{-5}	10^{-6}	10^{-7}	10^{-8}	10^{-9}	10^{-10}	10^{-11}	10^{-12}	10^{-13}	10^{-14}

強　酸性　弱　中性　弱　塩基性　強

いろいろな水溶液：1mol/L塩酸，胃液，酢，レモン，トマト，醤油，にんじん，牛乳，血液，なみだ，セッケン水，木灰の水溶液，1mol/L水酸化ナトリウム水溶液

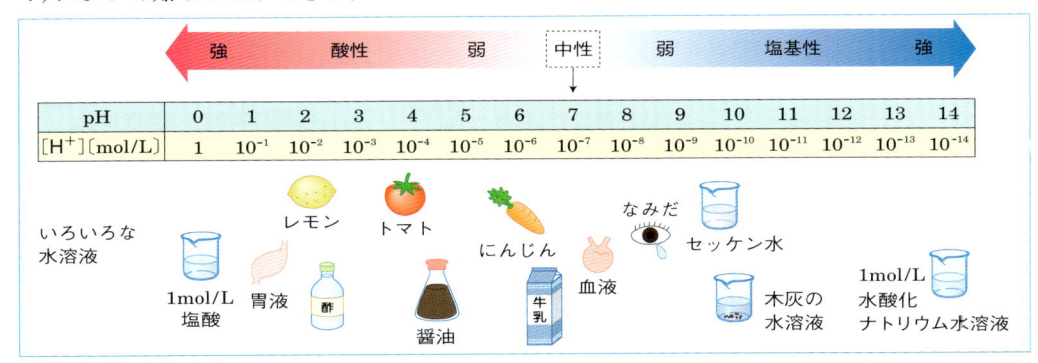

図5．身近な物質のpH

4 中和反応

1 中和とはどんな反応か

■ **中和反応** 酸と塩基が反応し，互いにその性質を打ち消し合う反応を**中和反応（中和）**という。例えば，塩酸と水酸化ナトリウム水溶液では，次の中和反応が起こる。

$$HCl + NaOH \longrightarrow NaCl + H_2O \cdots\cdots ①$$

水溶液中では，塩化水素 HCl，水酸化ナトリウム NaOH，塩化ナトリウム NaCl はいずれも完全に電離しているので，①式は次のように表すことができる。

$$H^+ + Cl^- + Na^+ + OH^- \longrightarrow Na^+ + Cl^- + H_2O \cdots\cdots ②$$

ナトリウムイオン Na^+ と塩化物イオン Cl^- は反応の前後で変化しないので省略すると，②式は次のようになる。

$$H^+ + OH^- \longrightarrow H_2O \quad （イオン反応式）$$

> **ポイント**
> 中和反応の本質…酸から生じる H^+ と塩基から生じる OH^- が結合して，水 H_2O が生成する。[1]

図1. 河川の中和処理（群馬県草津町）強い酸性の河川水を石灰乳（石灰石の粉末を含む水溶液）で中和し，農業用水などに利用している。

✪1. $HCl + NH_3 \longrightarrow NH_4Cl$ のように，水が生成しない中和反応もある。

2 酸・塩基がちょうど中和するには

■ **中和の量的関係** 酸と塩基が過不足なく中和するとき，

酸からの H^+ の物質量＝塩基からの OH^- の物質量

例えば，2価の酸である硫酸 H_2SO_4 と1価の塩基である水酸化ナトリウム NaOH は1：2の物質量の比で中和する。

$$H_2SO_4 + 2NaOH \longrightarrow Na_2SO_4 + 2H_2O$$

一般に，酸・塩基の強弱に関係なく，次の関係が成り立てば，その酸と塩基は過不足なく中和する。

酸の価数×酸の物質量
**　　　　＝塩基の価数×塩基の物質量**

酸	価数	物質量〔mol〕
HCl	1	1
CH_3COOH	1	1
H_2SO_4	2	$\frac{1}{2}$
$(COOH)_2$ ✪2	2	$\frac{1}{2}$

1 mol の H^+ を生じる。

塩基	価数	物質量〔mol〕
NaOH	1	1
NH_3	1	1
$Ca(OH)_2$	2	$\frac{1}{2}$
$Ba(OH)_2$	2	$\frac{1}{2}$

1 mol の OH^- を生じる。

ちょうど中和 → 1 mol の水を生じる。

図2. 1 mol の H^+・OH^- を生じる酸・塩基の物質量の関係

✪2. $(COOH)_2$ は，シュウ酸とよばれる2価の弱酸である。

③ 中和の公式

■ **中和の公式** モル濃度が c [mol/L] である a 価の酸の水溶液 V [mL] と，モル濃度が c' [mol/L] である b 価の塩基の水溶液 V' [mL] がちょうど中和するとき，次の関係が成り立つ。

> **ポイント**
> **中和の公式**
> $$a \times c \times \frac{V}{1000} = b \times c' \times \frac{V'}{1000}$$
> $$acV = bc'V'$$

酸の水溶液
a 価，c [mol/L]，V [mL]
H⁺

なんだかややこしそうだなぁ。
一歩一歩考えよう。

注：酸の水溶液中の陰イオン，塩基の水溶液中の陽イオンは省略している。

塩基の水溶液
b 価，c' [mol/L]，V' [mL]
OH⁻

含まれる酸の物質量は，
$c \times \dfrac{V}{1000}$ [mol]

含まれる塩基の物質量は，
$c' \times \dfrac{V'}{1000}$ [mol]

酸から生じる水素イオン H⁺ の物質量は，
$a \times c \times \dfrac{V}{1000}$ [mol]

塩基から生じる水酸化物イオン OH⁻ の物質量は，
$b \times c' \times \dfrac{V'}{1000}$ [mol]

酸と塩基がちょうど中和するとき，H⁺ と OH⁻ の物質量が等しい。つまり，次の式が成り立つときが，中和点だ！
$$a \times c \times \frac{V}{1000} = b \times c' \times \frac{V'}{1000} \quad \text{または} \quad acV = bc'V'$$

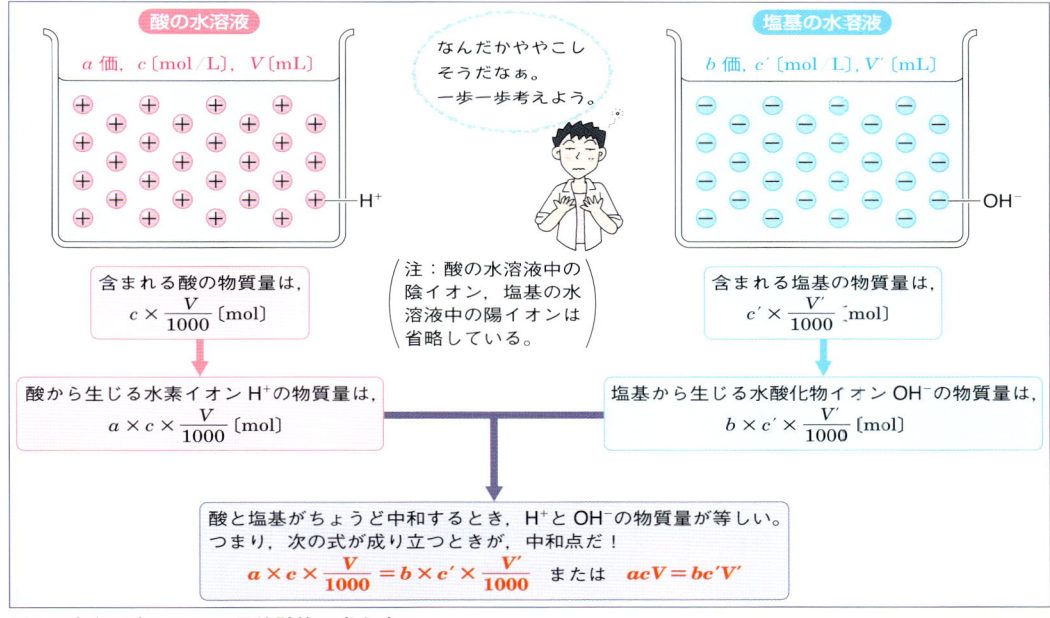

図3．中和反応における量的計算の考え方

> **例題 中和の公式**
> 濃度不明の硫酸 10.0 mL を中和するのに，0.100 mol/L の水酸化ナトリウム水溶液が 20.0 mL 必要であった。この硫酸のモル濃度は何 mol/L か。

解説 硫酸 H_2SO_4 のモル濃度を x [mol/L] とする。硫酸は 2 価の酸，水酸化ナトリウム NaOH は 1 価の塩基であるから，中和の公式 $acV = bc'V'$ より，

$2 \times x \times 10.0 = 1 \times 0.100 \times 20.0 \quad x = 0.100$ mol/L

答 0.100 mol/L

中和の計算には，酸・塩基の価数が関係するよ。

2章 酸と塩基の反応

5 塩の性質

1 塩はどんなときにできるか

■ **塩の生成** 酸と塩基の中和反応において，水とともに生成する物質を，**塩**と総称する。塩は，**酸の陰イオンと塩基の陽イオンからできたイオン結合性の物質**である。

1 酸性酸化物と塩基の反応
例 $CO_2 + 2NaOH \longrightarrow Na_2CO_3 + H_2O$

2 酸と塩基性酸化物の反応
例 $2HCl + CaO \longrightarrow CaCl_2 + H_2O$

3 酸性酸化物と塩基性酸化物の反応
例 $CO_2 + CaO \longrightarrow CaCO_3$

■ **塩の分類** 塩は，その化学式から次のように分類される。

1 **正塩** 酸のHも塩基のOHも残っていない塩。
例 $NaCl$ 塩化ナトリウム，Na_2SO_4 硫酸ナトリウム
　　NH_4Cl 塩化アンモニウム，Na_2CO_3 炭酸ナトリウム

2 **酸性塩** 酸のHが一部残っている塩。
例 $NaHCO_3$ 炭酸水素ナトリウム
　　$NaHSO_4$ 硫酸水素ナトリウム

3 **塩基性塩** 塩基のOHが一部残っている塩。
例 $MgCl(OH)$ 塩化水酸化マグネシウム

この塩の分類は，塩の組成に基づくものであり，その水溶液の酸性・塩基性とは必ずしも一致しない。

2 塩の水溶液の性質は

■ **塩の加水分解** 発展　塩の水溶液は，どれでも中性であるとは限らず，酸性や塩基性を示すものもある。これは，塩の一部が水と反応して，もとの酸や塩基を生じるからである。この現象を**塩の加水分解**という。

1 **水溶液が塩基性を示す塩** 酢酸ナトリウムCH_3COONaは，水溶液中ではほぼ完全に電離している。

$CH_3COONa \longrightarrow CH_3COO^- + Na^+$

酢酸CH_3COOHは弱酸なので電離度が小さく，酢酸イオンCH_3COO^-として存在するよりも，CH_3COOHとし

★1. 酸のはたらきをもつ酸化物を**酸性酸化物**という。非金属の酸化物に多い。二酸化炭素CO_2，五酸化二窒素N_2O_5，三酸化硫黄SO_3など。

★2. 塩基のはたらきをもつ酸化物を**塩基性酸化物**という。金属の酸化物に多い。酸化カルシウムCaO，酸化ナトリウムNa_2Oなど。

★3. 塩基性塩の化学式は，2種類の陰イオンをアルファベット順に並べて書き，名称は陽イオンに近い方の陰イオンから順に読む。
例 $CuCO_3(OH)$
炭酸水酸化銅(II)

★4. 塩のもとの酸や塩基
塩は，酸の陰イオンと塩基の陽イオンが結びついてできたものであるから，もとの酸は，塩の陰イオンにH^+を加えたもの。もとの塩基は，塩の陽イオンにOH^-を加えたものになる。
塩の化学式を一般にA^+B^-とすると
$\begin{cases} もとの酸は，HB \\ もとの塩基は，AOH \end{cases}$
と表される。

て存在するほうが安定である。したがって、CH_3COO^- の一部は水と反応して CH_3COOH になりやすい。その結果、水溶液中には水酸化物イオン OH^- が残り、水溶液が塩基性を示す。

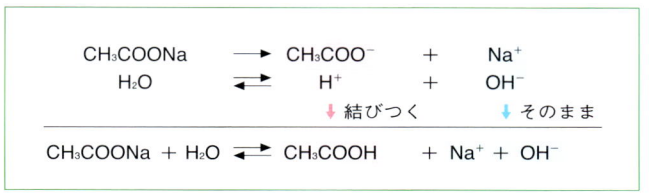

$$
\begin{array}{l}
CH_3COONa \longrightarrow CH_3COO^- + Na^+ \\
H_2O \rightleftharpoons H^+ + OH^- \\
\qquad\qquad\qquad\qquad \downarrow 結びつく \quad \downarrow そのまま \\
\hline
CH_3COONa + H_2O \rightleftharpoons CH_3COOH + Na^+ + OH^-
\end{array}
$$

図1. 酢酸ナトリウム CH_3COONa の加水分解

2 水溶液が酸性を示す塩 塩化アンモニウム NH_4Cl は、水溶液中では次のように電離している。

$$NH_4Cl \longrightarrow NH_4^+ + Cl^-$$

アンモニウムイオン NH_4^+ は弱塩基のイオンであり、その一部は水と反応してアンモニア NH_3 になりやすい。その結果、水溶液中には水素イオン H^+ が残り、水溶液が酸性を示す。

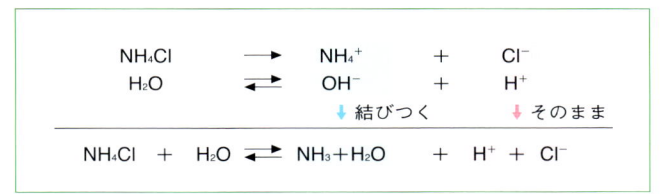

$$
\begin{array}{l}
NH_4Cl \longrightarrow NH_4^+ + Cl^- \\
H_2O \rightleftharpoons OH^- + H^+ \\
\qquad\qquad\qquad\qquad \downarrow 結びつく \quad \downarrow そのまま \\
\hline
NH_4Cl + H_2O \rightleftharpoons NH_3 + H_2O + H^+ + Cl^-
\end{array}
$$

図2. 塩化アンモニウム NH_4Cl の加水分解

■ **正塩の水溶液の性質** 正塩の水溶液の性質は、塩をつくるもとになった酸または塩基の強弱によって決まる。❺

> **ポイント**
> 強酸と弱塩基からできた正塩 ➡ 水溶液は酸性
> 強酸と強塩基からできた正塩 ➡ 水溶液は中性
> 弱酸と強塩基からできた正塩 ➡ 水溶液は塩基性

③ 弱酸・弱塩基の遊離

1 弱酸と強塩基から生じた塩に強酸を加えると、強酸と強塩基からなる塩が生じ、弱酸の分子が遊離する。
　例　$CH_3COONa + HCl \longrightarrow NaCl + CH_3COOH$

2 強酸と弱塩基から生じた塩に強塩基を加えると、強酸と強塩基からなる塩が生じ、弱塩基の分子が遊離する。
　例　$NH_4Cl + NaOH \longrightarrow NaCl + H_2O + NH_3$

■ **酸性塩の水溶液の性質**
① $NaHSO_4$
（硫酸水素ナトリウム）
H_2SO_4（強酸）と $NaOH$（強塩基）からなる塩であるが、強酸のHが残っており、水溶液は酸性を示す。
$HSO_4^- \longrightarrow H^+ + SO_4^{2-}$
② $NaHCO_3$
（炭酸水素ナトリウム）
H_2CO_3（弱酸）と $NaOH$（強塩基）からなる塩なので、水溶液は塩基性を示す（弱酸のHが残っているが、H^+ として電離することはない）。

❺ 弱酸と弱塩基からできた正塩の水溶液の性質はさまざまであり、一概にはいえないが、多くの場合は中性に近い。

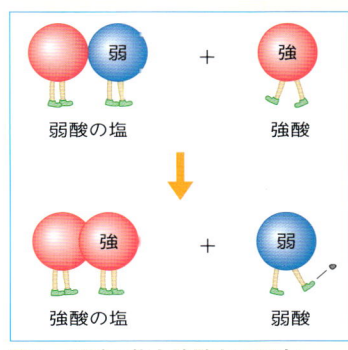

図3. 弱酸の塩と強酸との反応

2章　酸と塩基の反応

6 中和滴定

1. 酸の標準溶液をつくるときは，シュウ酸二水和物 $(COOH)_2 \cdot 2H_2O$ を用いる。これは，シュウ酸二水和物が空気中で安定な結晶であり，潮解性がなく，質量を正確に測定することができるからである。

なお，塩基の標準溶液をつくるときは，水酸化バリウム八水和物 $Ba(OH)_2 \cdot 8H_2O$ を用いることが多い。

2. 一次標準溶液ともいう。

3. コニカルビーカーのかわりに三角フラスコ（→p.11）でも代用できる。

1 酸・塩基の水溶液の濃度を調べる

■ **中和滴定** 濃度のわからない酸や塩基の水溶液の濃度を調べるには，濃度が正確にわかった塩基や酸の水溶液（**標準溶液**という）で中和し，ちょうど中和が完了した点（**中和点**という）までに加えた水溶液の体積を，中和の公式に代入して求める。このような操作を**中和滴定**という。

■ **中和滴定の操作（その１）** 濃度不明の塩基の水溶液の濃度を，シュウ酸の標準溶液で調べる場合（図２）。

1 濃度不明の塩基の水溶液（b 価，c'〔mol/L〕）を**ビュレット**に入れる。

2 シュウ酸の標準溶液を**ホールピペット**で V〔mL〕はかりとり，**コニカルビーカー**に入れる。

3 **2** に適当な指示薬を１～２滴加え，撹拌子を入れる。

4 **3** をマグネチックスターラーにのせ，その上に **1** のビュレットを固定し，ビュレットの目盛り v_1〔mL〕を読みとる。

5 撹拌子を回して水溶液をかき混ぜながら，ビュレットのコックを回し，塩基の水溶液を少しずつ滴下させる。

6 指示薬の色が変わったところでビュレットのコックを閉じ，ビュレットの目盛り v_2〔mL〕を読みとる。さらに，塩基の水溶液の滴下量 $V' = (v_1 - v_2)$〔mL〕を求める。

7 中和の公式 $acV = bc'V'$ を用いて，滴下した塩基の水溶液の濃度 c'〔mol/L〕を求める。

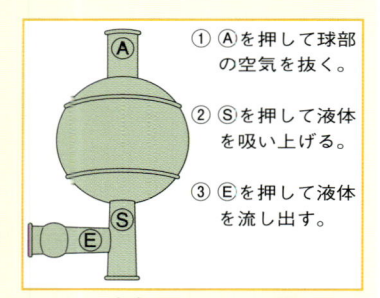

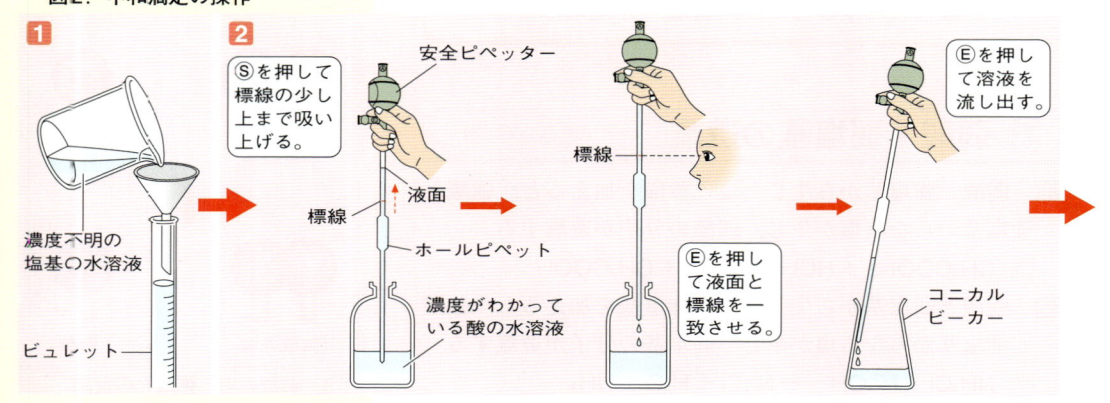

図１．安全ピペッターの使い方

① Ⓐを押して球部の空気を抜く。
② Ⓢを押して液体を吸い上げる。
③ Ⓔを押して液体を流し出す。

図２．中和滴定の操作

■ **中和滴定の操作（その2）** 濃度不明の酸の水溶液の濃度を，すでに濃度を決定した塩基の水溶液（**二次標準溶液**）で調べる場合。

1 濃度不明の酢酸水溶液[4] 10.0 mLをホールピペットではかりとり，コニカルビーカーに入れる。

2 **1**に指示薬としてフェノールフタレイン溶液を1〜2滴加える。

3 ビュレットから塩基の二次標準溶液（濃度がわかっている水酸化ナトリウム水溶液）を少しずつ滴下し，水溶液が淡赤色になったところで滴下を止める。

✻4. 食酢の場合，そのままでは濃すぎるのでメスフラスコを利用して，純水で正確に5倍に希釈したものを使用する。

■ **中和滴定に使う器具** 使用法の違いに十分注意する。

器具と名称	ホールピペット	ビュレット	メスフラスコ	コニカルビーカー
目的	一定体積の液体を正確にはかりとる器具。	滴下した液体の体積を正確にはかる器具。	一定濃度の溶液をつくる，溶液を一定の割合に希釈する器具。	中和反応を行うための器具。
洗浄方法	純水でぬれていると，中に入れる溶液がうすまってしまう。これから使用する溶液で内壁を洗ってから使用する（**共洗い**）。		純水でぬれたまま使用してもよい。純水でぬれていても滴定結果に影響しない。	
加熱	目盛りや標線のついたガラス器具は加熱乾燥してはいけない。加熱するとガラスの熱膨張によって変形し，体積が狂うため。			加熱乾燥してよい。

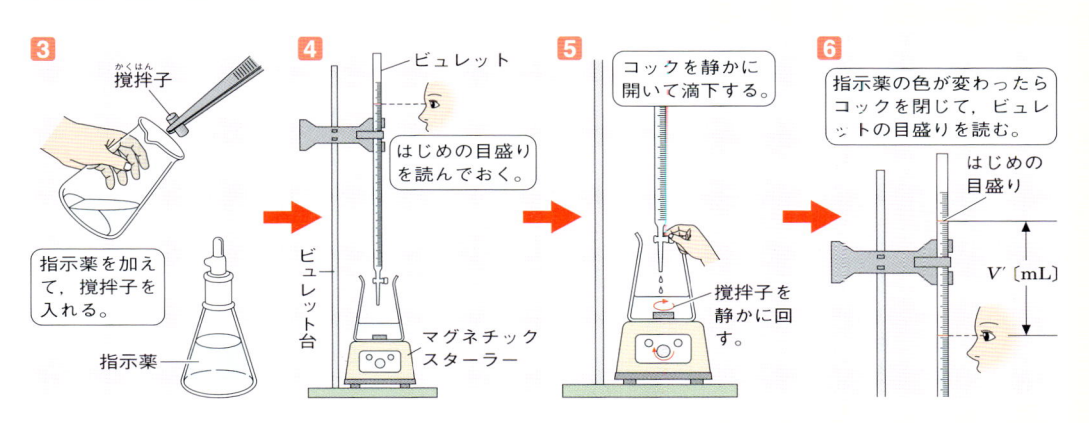

3 指示薬を加えて，撹拌子を入れる。
4 はじめの目盛りを読んでおく。
5 コックを静かに開いて滴下する。撹拌子を静かに回す。
6 指示薬の色が変わったらコックを閉じて，ビュレットの目盛りを読む。 V [mL]

2章 酸と塩基の反応

2 中和滴定とpHの変化

■ **中和滴定曲線**　縦軸にpHの値をとり，横軸に加えた酸または塩基の水溶液の体積をとって，中和滴定の進行に伴うpHの変化を表したグラフを**中和滴定曲線（滴定曲線）**という（図3）。

■ **滴定曲線のpH変化の特徴**

1. 中和点から遠く，水溶液中に酸または塩基が多量に存在する範囲では，滴下量に対するpHの変化が小さい。
2. 中和点に近づき，水溶液中の酸または塩基が少なくなると，滴下量に対してpHが急激に変化する。この滴定曲線がほぼ垂直になった部分を，特に**pHジャンプ**という。

3 指示薬に何を使うか

■ **指示薬の選択**　通常，pHジャンプの中点に真の中和点が存在するが，中和滴定においては，**pHジャンプは中和点の許容範囲とみなしてよい。**

> **ポイント** 指示薬の選択…指示薬の**変色域がpHジャンプに含まれるもの**を用いる。

■ **強酸と強塩基の中和滴定**　図3の①のように，pHジャンプの範囲が広いので，変色域のpHが4～10の範囲の指示薬であれば使用できる。➡**フェノールフタレイン**と**メチルオレンジ**のどちらを使ってもよい。

■ **弱酸と強塩基の中和滴定**　図3の②のように，pHジャンプの範囲が少し狭く，中和点が塩基性側にずれる（発展　生成する塩が加水分解するため）。➡変色域が塩基性側にある**フェノールフタレイン**を使う。

■ **強酸と弱塩基の中和滴定**　図3の③のように，pHジャンプの範囲が少し狭く，中和点が酸性側にずれる（発展　生成する塩が加水分解するため）。➡変色域が酸性側にある**メチルオレンジ**を使う。

■ **弱酸と弱塩基の中和滴定**　図3の④のように，pHジャンプの範囲がなく，中和点付近でのpHの変化が小さい。➡どのような指示薬を用いても，中和点を見つけることが難しい。

---

①強酸と強塩基の場合
- 0.1 mol/L 塩酸 10 mL
- 0.1 mol/L 水酸化ナトリウム水溶液

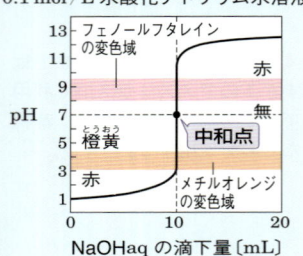

②弱酸と強塩基の場合
- 0.1 mol/L 酢酸水溶液 10 mL
- 0.1 mol/L 水酸化ナトリウム水溶液

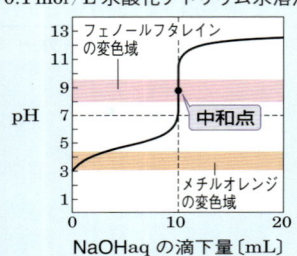

③強酸と弱塩基の場合
- 0.1 mol/L 塩酸 10 mL
- 0.1 mol/L アンモニア水

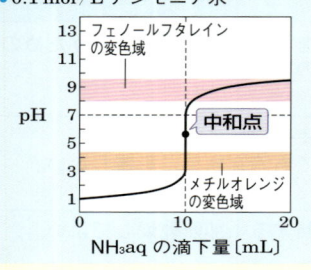

④弱酸と弱塩基の場合
- 0.1 mol/L 酢酸水溶液 10 mL
- 0.1 mol/L アンモニア水

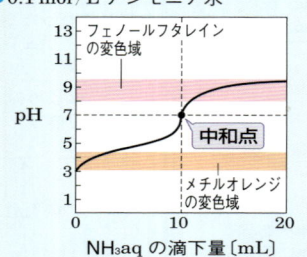

図3．中和滴定曲線（酸の水溶液に塩基の水溶液を加えた場合）

重要実験 水溶液のpHの測定

方法

1 3本の試験管に塩酸，酢酸，水酸化ナトリウムの0.1 mol/Lの各水溶液をとり，万能pH試験紙でそれぞれのpHの概数値を求める（図1）。次に，pH試験紙セットから適当な試験紙を選び，各水溶液のpHを小数第1位まで求める。
※pHメーターを用いてもよい（図2）。

2 **1**の塩酸，酢酸，水酸化ナトリウム水溶液をそれぞれ純水で10倍に薄め（図3），0.01 mol/L水溶液をつくる。

3 **2**の0.01 mol/L水溶液のpHを**1**と同じようにして求める。

4 **2**の0.01 mol/L水溶液をそれぞれ純水で10倍に薄め（図3），0.001 mol/L水溶液をつくる。

5 **4**の0.001 mol/L水溶液のpHを**1**と同じようにして求める。

図1 調べる水溶液／ガラス棒／ピンセット／ガラス板／万能pH試験紙

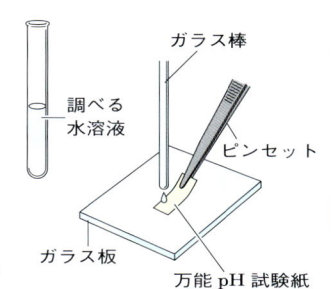

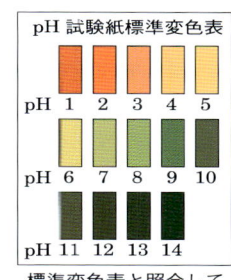

pH試験紙標準変色表
標準変色表と照合して概数値を求める。

図2 検液／ガラス棒

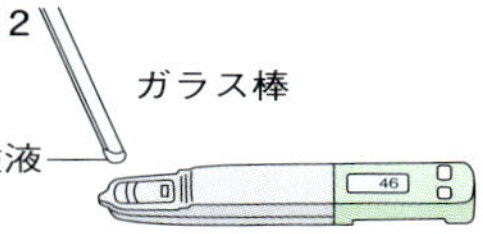

図3 ホールピペットで10 mLとる。／純水／駒込ピペットで液面を標線に合わせる。／標線／100 mL／100 mL よく混ぜる。

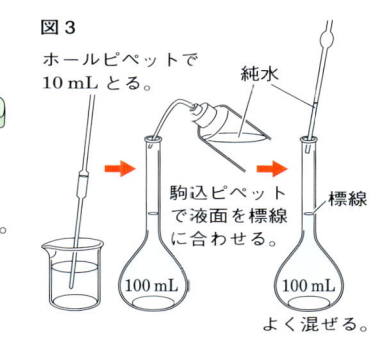

結果

●滴定結果は次表のようになった。

水溶液	塩酸			酢酸			水酸化ナトリウム水溶液		
濃度〔mol/L〕	0.1	0.01	0.001	0.1	0.01	0.001	0.1	0.01	0.001
pH	1.1	2.2	3.2	2.9	3.4	4.0	13.1	12.1	11.1

考察

1 同じ濃度の塩酸と酢酸でpHが異なる理由を考えよ。
→ 塩酸と酢酸では，電離度が異なるから。

2 純水で濃度を10倍に薄めると，pHはそれぞれどのように変化するか。
→ 塩酸…約1ずつ大きくなる。
酢酸…約0.5ずつ大きくなる。
水酸化ナトリウム水溶液…約1ずつ小さくなる。

3 pH = 3.4のとき[H$^+$] = 4.0×10^{-4} mol/Lとして，0.01 mol/L酢酸の電離度を求めよ。
→ [H$^+$] = $c\alpha$ より，$\alpha = \dfrac{[H^+]}{c} = \dfrac{4.0 \times 10^{-4} \text{ mol/L}}{0.01 \text{ mol/L}} = \mathbf{4.0 \times 10^{-2}}$

重要実験 中和滴定

方法

1　シュウ酸の標準溶液の調整
① シュウ酸二水和物$(COOH)_2 \cdot 2H_2O$の結晶0.630 gをはかりとり，約50 mLの純水に溶かす。
② ①の溶液をメスフラスコに入れる。このとき，**ビーカーを洗った水（洗液）も一緒に加える。**
③ 標線まで純水を加える。

2　水酸化ナトリウム水溶液の滴定
① ビュレットに濃度不明の水酸化ナトリウム水溶液を入れ，**活栓を開いて水溶液を少し流し出し，ビュレットの先端まで水溶液で満たす。**
② ホールピペットを使ってシュウ酸の標準溶液10.00 mLをコニカルビーカーにとり，フェノールフタレイン溶液を数滴加える。
③ ビュレットの液面の目盛りを最小目盛りの$\frac{1}{10}$まで目分量で読んでから，水酸化ナトリウム水溶液を滴下する。
④ ③で**水溶液にわずかに赤色がついたところでビュレットのコックを閉め，**目盛りを読む。
⑤ ①〜④を3回繰り返し，水酸化ナトリウム水溶液の滴下量の平均を求める。

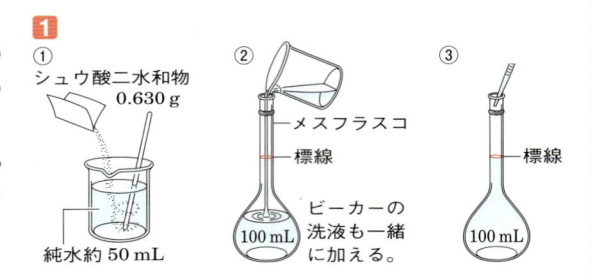

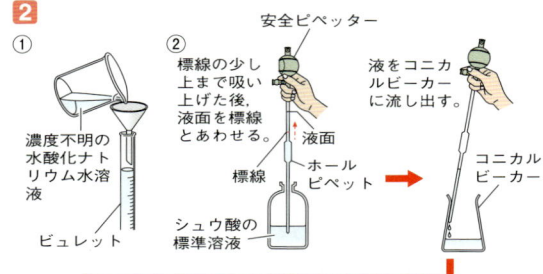

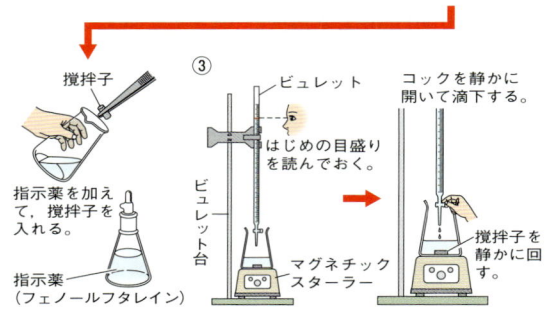

結果

	1回目	2回目	3回目
はじめの読み〔mL〕	0.73	11.48	22.65
終わりの読み〔mL〕	11.02	21.75	32.95
滴下量〔mL〕	10.29	10.27	10.30

平均値：**10.29 mL**

考察

1 シュウ酸の標準溶液のモル濃度を求めよ。
→ シュウ酸二水和物の式量は126なので，
$$\frac{\frac{0.630\,g}{126\,g/mol}}{0.100\,L} = \mathbf{0.0500\,mol/L}$$

2 水酸化ナトリウム水溶液のモル濃度を求めよ。
→ 中和の公式 $acV = bc'V'$ より，
$2 \times 0.0500 \times 10.00 = 1 \times c' \times 10.29$
$c' ≒ \mathbf{0.0972\,mol/L}$

テスト直前チェック　定期テストにかならず役立つ！

1. 水溶液中で水素イオンH^+を生じる物質を何という？
2. 水溶液中で水酸化物イオンOH^-を生じる物質を何という？
3. H^+(陽子)を受けとることができる物質を塩基と定義したのは誰と誰？
4. 酸の化学式中で，H^+になることができるHの数を何という？
5. 塩基の化学式中で，OH^-になることができるOHの数を何という？
6. 酸や塩基などが水溶液中で電離する割合を何という？
7. 電離度が1に近い酸・塩基をそれぞれ何という？
8. 電離度が1に比べてかなり小さい酸・塩基をそれぞれ何という？
9. 25℃では，水溶液中の$[H^+]$と$[OH^-]$の積の値はいくら？
10. $[H^+]=10^{-n}$ mol/Lのとき，nの値を何という？
11. $[H^+]=10^{-5}$ mol/Lの水溶液のpHは？
12. 中性の水溶液のpHは25℃でいくら？
13. 水溶液のpHによって色が変わる物質を何という？
14. 13の物質の色調が変わるpHの範囲を何という？
15. 水溶液の正確なpHを測定するための器具を何という？
16. 変色域がpH3.2～4.4の範囲にあるpH指示薬は何？
17. 変色域がpH8.0～9.8の範囲にあるpH指示薬は何？
18. a価，c〔mol/L〕の酸V〔L〕とb価，c'〔mol/L〕の塩基V'〔L〕がちょうど中和する条件は？
19. 酸のHも塩基のOHも残っていない塩を何という？
20. 酸・塩基の標準溶液を用いて別の塩基・酸の濃度を求める操作を何という？
21. 滴定に使うガラス器具の内壁を，これから入れる溶液で洗うことを何という？
22. 中和滴定の進行に伴うpHの変化を表すグラフを何という？
23. 滴定曲線で，グラフがほぼ垂直になっている部分を特に何という？

解答

1. 酸
2. 塩基
3. ブレンステッド，ローリー
4. 酸の価数
5. 塩基の価数
6. 電離度
7. 強酸・強塩基
8. 弱酸・弱塩基
9. 1.0×10^{-14} (mol/L)^2
10. pH
11. 5
12. 7
13. 酸塩基指示薬（pH指示薬）
14. 変色域
15. pHメーター
16. メチルオレンジ
17. フェノールフタレイン
18. $acV = bc'V'$
19. 正塩
20. 中和滴定
21. 共洗い
22. 中和滴定曲線
23. pHジャンプ

定期テスト予想問題 解答→p.138

1 酸と塩基の性質

次の(1)〜(10)の文のうち，正しいものには○，誤っているものには×を記せ。
(1) 酸はすべて酸素を含んでいる。
(2) 水素イオン H^+ を多く出す酸が強酸だから，分子中に水素原子を多く含む酸が強酸である。
(3) 塩基の水溶液は，水酸化物イオン OH^- を出して塩基性を示すが，水に溶けにくい塩基もある。
(4) アンモニアは水によく溶けるから，強塩基である。
(5) 金属の水酸化物のうち，水に溶けやすいものは強塩基である。
(6) 硫化水素 H_2S のように酸素原子を含まない酸は，一般に弱い酸である。
(7) 化学式中に OH が含まれる化合物はすべて塩基である。
(8) 塩基は，酸と反応して塩をつくる。
(9) 2価の塩基は1価の塩基より強い塩基である。
(10) 塩基はその化学式中に必ず OH 基がある。

2 ブレンステッド・ローリーの定義

ブレンステッド・ローリーの酸・塩基の定義によると，次の各反応式において，下線をつけた物質は酸，塩基のどちらに相当するか。
(1) $NH_3 + \underline{H_2O} \longrightarrow NH_4^+ + OH^-$
(2) $\underline{HCO_3^-} + OH^- \longrightarrow CO_3^{2-} + H_2O$
(3) $NH_4^+ + \underline{OH^-} \longrightarrow NH_3 + H_2O$
(4) $\underline{CO_3^{2-}} + H_2O \longrightarrow HCO_3^- + OH^-$

3 水素イオン濃度

次の各水溶液の水素イオン濃度 $[H^+]$ を求めよ。ただし，水溶液の温度は25℃で，硫酸，水酸化ナトリウムは完全に電離するものとする。
(1) 0.002 mol/L の希硫酸
(2) 0.050 mol/L の水酸化ナトリウム水溶液
(3) 0.10 mol/L の酢酸（電離度は0.013）
(4) 0.10 mol/L のアンモニア水（電離度は0.010）

4 酸の強弱

次のA〜Eの水溶液を，酸性の強いものから順に記号で並べよ。
A $[H^+] = 0.005$ mol/L の水溶液
B pH = 1.0 の水溶液
C $[OH^-] = 1 \times 10^{-12}$ mol/L の水溶液
D 0.001 mol/L の硫酸（電離度1）
E 0.1 mol/L の酢酸（電離度0.01）

5 水溶液のpH

次の(1)〜(7)の文のうち，正しいものには○，誤っているものには×を記せ。
(1) pHが1の水溶液は，pHが2の水溶液より水素イオン濃度が大きい。
(2) 10^{-6} mol/L の塩化水素の水溶液を蒸留水で100倍に薄めると，pHは8になる。
(3) 価数が等しい弱酸と強塩基の中和反応では，弱酸の物質量が強塩基の物質量より大きくないと完全に中和しない。
(4) 塩化アンモニウムの水溶液のpHは，7より小さくなる。
(5) 価数の等しい酸と塩基を同じ物質量ずつ加えて得られる水溶液のpHはつねに7である。
(6) pHが13の水酸化ナトリウム水溶液を水で100倍に薄めると，pHは11になる。
(7) 0.01 mol/L の硫酸（完全に電離するものとする）のpHは 0.01 mol/L の塩酸のpHよりも大きい。

6 水溶液のモル濃度

次の(1)〜(3)の水溶液のモル濃度は，それぞれ何mol/Lか。

(1) 1.0 mol/Lの硫酸200 mLと，4.0 mol/Lの硫酸100 mLを混合した水溶液（混合溶液の体積は300 mLとする）。
(2) 標準状態のもとで，112 mLのアンモニアを溶かして50 mLとした水溶液。
(3) 1.0 mol/Lの硫酸を20 mLとり，水を加えて500 mLとした水溶液。

7 中和滴定曲線

次の(1)〜(3)の滴定曲線は，下の図のどれに相当するか。**ア〜カ**の記号で答えよ。

(1) 0.1 mol/L酢酸10 mLを0.1 mol/L水酸化ナトリウム水溶液で滴定する。
(2) 0.1 mol/L水酸化ナトリウム水溶液10 mLを0.1 mol/L塩酸で滴定する。
(3) 0.1 mol/L塩酸10 mLを0.1 mol/Lアンモニア水で滴定する。

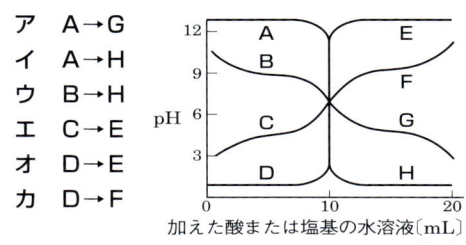

ア A→G
イ A→H
ウ B→H
エ C→E
オ D→E
カ D→F

8 中和反応

シュウ酸二水和物$(COOH)_2・2H_2O$ 2.52 gを溶かして，100 mLにした水溶液がある。この溶液10.0 mLを中和するのに，ある濃度の水酸化ナトリウム水溶液16.0 mLを要した。
原子量：$H=1.0$，$C=12$，$O=16$

(1) シュウ酸水溶液の濃度は何mol/Lか。
(2) 水酸化ナトリウム水溶液の濃度は何mol/Lか。

9 中和滴定

食酢中の酸の濃度を調べるために，次の操作をした。

〔操作〕食酢を10.0 mL用の器具**A**と，100 mL用の器具**B**を用いて正確に10倍に薄めた。この水溶液10.0 mLを器具**A**ではかりとり，器具**C**に入れた。そこに指示薬を少量加え，器具**D**から0.10 mol/L水酸化ナトリウム水溶液を滴下していくと，7.0 mL加えたところで指示薬が変色した。

(1) A〜Dに適する器具を次の**ア〜オ**から選べ。また，その名称も答えよ。

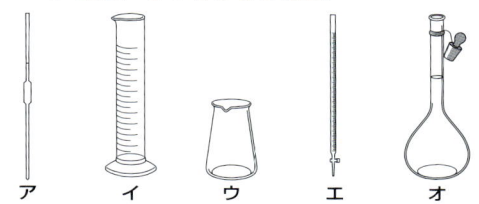

(2) もとの食酢中の酢酸の濃度は何mol/Lか。
(3) 食酢中の酸がすべて酢酸であるとして，薄める前の食酢中の酢酸の質量パーセント濃度は何%か。ただし，食酢の密度を1.0 g/cm^3，酢酸の分子量を60とする。

10 塩の水溶液の性質

次の(1)〜(8)の物質の水溶液は，酸性，中性，塩基性のどれを示すか。また，その理由をあとの**ア〜エ**から選べ。

(1) CH_3COONa　　(2) $NaNO_3$
(3) Na_2SO_3　　(4) K_2CO_3
(5) NH_4Cl　　(6) $Al_2(SO_4)_3$
(7) $CuSO_4$　　(8) $NaCl$

ア 強酸と強塩基の塩であるから。
イ 強酸と弱塩基の塩であるから。
ウ 弱酸と強塩基の塩であるから。
エ 弱酸と弱塩基の塩であるから。

3章 酸化還元反応

1 酸化・還元と酸化数

1 酸化・還元の定義は発展してきた

■ **酸素のやりとりによる酸化・還元の定義** 物質が酸素と化合して酸化物になる変化を**酸化**といい，酸化物が酸素を失って元に還る変化を**還元**という。

例 $2Cu + O_2 \longrightarrow 2CuO$
（銅Cuは酸化されて酸化銅(Ⅱ) CuO になる）

■ **水素のやりとりによる酸化・還元の定義** 硫化水素 H_2S が酸素 O_2 と反応すると，硫黄Sが遊離する。

$$2H_2S + O_2 \longrightarrow 2S + 2H_2O$$
（H原子を失う／H原子を得る）

H_2S が O_2 と化合して酸化されたとき，H_2S は水素原子Hを失っている。すなわち，物質が水素を失う変化を**酸化**，逆に，物質が水素を得る変化を**還元**ともいえる。

ポイント
- 酸化…物質が**水素を失う**変化
- 還元…物質が**水素を得る**変化

■ **電子のやりとりによる酸化・還元の定義** 銅Cuが酸化銅(Ⅱ) CuO になる変化を化学結合の点から考えると，単体のCuが電子2個を失って銅(Ⅱ)イオン Cu^{2+} となり，単体の酸素 O_2 の酸素原子Oは電子2個を得て酸化物イオン O^{2-} となり，イオン結合によって CuO になっている。

$$2Cu \longrightarrow 2Cu^{2+} + 4e^-$$
$$O_2 + 4e^- \longrightarrow 2O^{2-}$$
（電子の移動）$\longrightarrow 2CuO$

ポイント
- 酸化…物質（原子）が**電子を失う**変化
- 還元…物質（原子）が**電子を受けとる**変化

■ **酸化還元反応の同時性** ある物質が電子を失えば，必ず，その電子を受けとる物質が存在する。よって，**酸化と還元は常に同時に起こる**ので，**酸化還元反応**という。

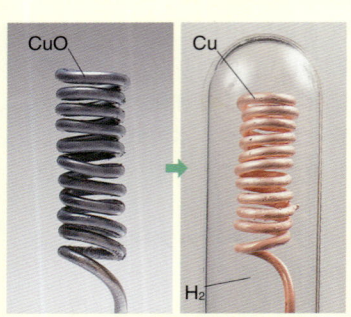

図1．銅の酸化・酸化銅の還元
銅線をバーナーで加熱すると，表面が黒くなる。熱いうちに水素 H_2 の中に入れると，銅の光沢が戻る。

	酸化	還元
O原子を	得る	失う
H原子を	失う	得る
電子を	失う	得る

表1．酸化・還元の定義

■次の変化を下のように表現する。

A + B → A′ + B′

① Aは**還元されて**A′になる。
② AがBを酸化してB′にする。
③ Bは**酸化されて**B′になる。
④ BがAを還元してA′にする。
　化学では，通常，①，③のように受け身的な表現をすることが多い。これはより正確に反応の内容を伝えられるからである。

2 酸化数で考えると便利

■ **酸化数** 化合物中の原子が，単体のときに比べて，どの程度酸化あるいは，還元された状態になっているかを数値で示したものを**酸化数**という。

単体中の原子の酸化数を0とし，**酸化された状態のときは，失った電子の数を正の数で表し，還元された状態のときは，得た電子の数を負の数で表す**ようにする。

■ **酸化数の決め方**

1. **単体中の原子の酸化数は 0** とする。
2. 単原子イオンの酸化数は，イオンの電荷に等しい。
3. **化合物中のH原子の酸化数は＋1，O原子の酸化数は－2** とする。
4. 化合物中の各原子の酸化数の総和は0とする。
5. 多原子イオン中の各原子の酸化数の総和は，イオンの電荷に等しい。

① 酸化数は，±Ⅰ，±Ⅱ，±Ⅲのローマ数字で表すこともある。
② 過酸化物(-O-O-結合を含む)では，Oの酸化数は－1とする。
③ 化合物中で，Na，Kの酸化数は＋1，Ca，Baの酸化数は＋2。

例題　酸化数の決定

次の化学式で，下線部の原子の酸化数を記せ。
(1) $\underline{Pb}O_2$　　(2) $\underline{Cr}_2O_7^{2-}$

解説 (1) 酸化鉛(Ⅳ) PbO_2 は過酸化物ではないから，Oの酸化数は－2である。Pbの酸化数をxとすると，
$$x + (-2) \times 2 = 0 \quad \therefore \quad x = +4$$
(2) Crの酸化数をxとすると，
$$(+x) \times 2 + (-2) \times 7 = -2 \quad \therefore \quad x = +6$$

答 (1) ＋4　　(2) ＋6

■ 酸化数を用いると，酸化・還元は次のように定義される。

```
        ┌─ 酸化数増加（酸化）─┐
  2CuO + H₂  →  2Cu + H₂O
   +2    0      0    +1
        └─ 酸化数減少（還元）─┘
```

ポイント
- 酸化…酸化数が**増加**する変化
- 還元…酸化数が**減少**する変化

よって，反応の前後で，**酸化数が変化する反応は酸化還元反応**である。

---

1. 物質中の原子やイオンの酸化や還元の程度を表す酸化数を調べれば，酸化反応，還元反応の判定を，より簡単に行うことができる。

2. 種々の原子の主な酸化数
金属原子(Fe，Sn，Cr，Mn)には正の酸化数のみが存在しているが，非金属原子(O，S，N，Cl)には，正と負の酸化数が存在している。

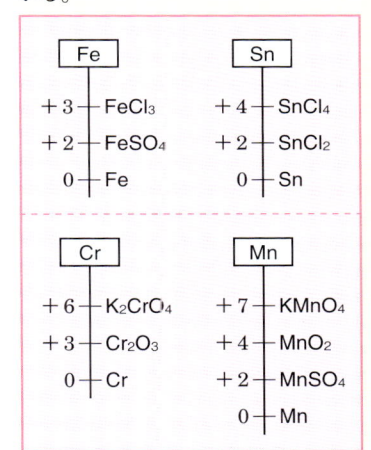

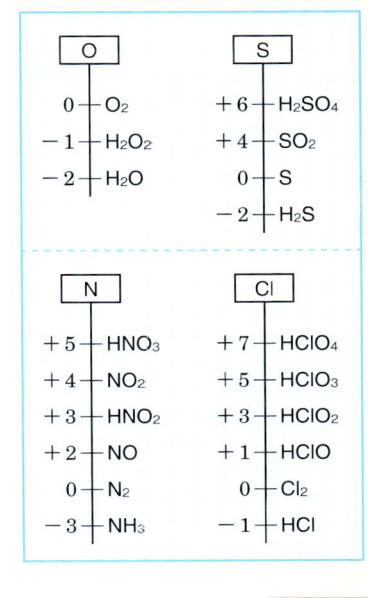

Fe		Sn	
+3	$FeCl_3$	+4	$SnCl_4$
+2	$FeSO_4$	+2	$SnCl_2$
0	Fe	0	Sn

Cr		Mn	
+6	K_2CrO_4	+7	$KMnO_4$
+3	Cr_2O_3	+4	MnO_2
0	Cr	+2	$MnSO_4$
		0	Mn

O		S	
0	O_2	+6	H_2SO_4
-1	H_2O_2	+4	SO_2
-2	H_2O	0	S
		-2	H_2S

N		Cl	
+5	HNO_3	+7	$HClO_4$
+4	NO_2	+5	$HClO_3$
+3	HNO_2	+3	$HClO_2$
+2	NO	+1	HClO
0	N_2	0	Cl_2
-3	NH_3	-1	HCl

2 酸化剤と還元剤

1 酸化剤・還元剤とは

■ **酸化剤** 相手の物質から電子を奪って酸化する物質を，**酸化剤**という。酸化剤自身は電子を得て還元されるので，**還元されやすい物質は酸化剤として作用する**。

■ **還元剤** 相手の物質に電子を与えて還元する物質を，**還元剤**という。還元剤自身は電子を与えて酸化されるので，**酸化されやすい物質は還元剤として作用する**。

例 銅Cuと塩素Cl_2の反応(図1)。

$$Cl_2 + 2e^- \longrightarrow 2Cl^-$$
$$Cu \longrightarrow Cu^{2+} + 2e^-$$
$$\longrightarrow CuCl_2$$

Cl_2は酸化剤として作用し，自身は還元されて塩化物イオンCl^-になる。Cuは還元剤として作用し，自身は酸化されて銅(Ⅱ)イオンCu^{2+}になる。

■ **酸化還元反応** 酸化剤と還元剤との間で行われる電子の授受が酸化還元反応であると考えることができる。

> **ポイント**
> 酸化剤…**還元されやすい**物質
> 　　　　(酸化数が減少する原子を含む物質)
> 還元剤…酸化されやすい物質
> 　　　　(酸化数が増加する原子を含む物質)

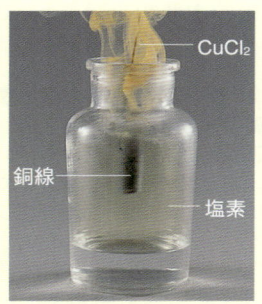

図1．銅と塩素の反応
塩素中に熱した銅線を入れると，激しく反応して，褐色の塩化銅(Ⅱ)の粉末を生じる。

図2．酸化剤と還元剤の関係

2 半反応式とは

■ **半反応式** 水溶液中での，酸化剤または還元剤のはたらきを電子e^-を使って表したイオン反応式を，**半反応式**という。酸化剤，還元剤の半反応式は，各物質が反応後にどのような物質(生成物)に変化するかを知っていれば，次のような方法で簡単につくることができる。

■ **酸化剤・還元剤の半反応式のつくり方**

> **ポイント**
> ①酸化剤(還元剤)を左辺に，**生成物を右辺に書く**。
> ②両辺の**酸素の数**は，水H_2Oで**調節**する。
> ③両辺の**水素の数**は，水素イオンH^+で**調節**する。
> ④両辺の電荷のバランスは，電子e^-で調節する。

○1. 酸化剤，還元剤がそれぞれ反応後にどんな物質に変化するかは，問題ではふつう与えられないので，覚えておく必要がある。

例 **酸化剤：過マンガン酸カリウム（硫酸酸性）の半反応式**
- ①より，MnO_4^-（赤紫色） ⟶ Mn^{2+}（ほぼ無色）
- ②より，MnO_4^- ⟶ $Mn^{2+} + 4H_2O$
- ③より，$MnO_4^- + 8H^+$ ⟶ $Mn^{2+} + 4H_2O$
- ④より，$MnO_4^- + 8H^+ + 5e^-$ ⟶ $Mn^{2+} + 4H_2O$

例 **還元剤：シュウ酸の半反応式**
- ①，②より，$(COOH)_2$ ⟶ $2CO_2$ ✿2
- ③より，$(COOH)_2$ ⟶ $2CO_2 + 2H^+$
- ④より，$(COOH)_2$ ⟶ $2CO_2 + 2H^+ + 2e^-$

✿2. 酸素原子の数を調節する前に，酸化数が変化した炭素原子の数を調節しておくとよい。

	物質		半反応式
酸化剤	過酸化水素 H_2O_2	（酸性）	$H_2O_2 + 2H^+ + 2e^- ⟶ 2H_2O$
		（中性）	$H_2O_2 + 2e^- ⟶ 2OH^-$
	ハロゲン Cl_2, Br_2, I_2		$Cl_2 + 2e^- ⟶ 2Cl^-$
	過マンガン酸カリウム $KMnO_4$（酸性）*1		$MnO_4^- + 8H^+ + 5e^- ⟶ Mn^{2+} + 4H_2O$
	二クロム酸カリウム $K_2Cr_2O_7$（酸性）*1		$Cr_2O_7^{2-} + 14H^+ + 6e^- ⟶ 2Cr^{3+} + 7H_2O$
	希硝酸 HNO_3		$HNO_3 + 3H^+ + 3e^- ⟶ NO + 2H_2O$
	濃硝酸 HNO_3		$HNO_3 + H^+ + e^- ⟶ NO_2 + H_2O$
	熱濃硫酸 H_2SO_4		$H_2SO_4 + 2H^+ + 2e^- ⟶ SO_2 + 2H_2O$
	二酸化硫黄*2 SO_2		$SO_2 + 4H^+ + 4e^- ⟶ S + 2H_2O$
還元剤	金属 Na, Mg, Al など		$Na ⟶ Na^+ + e^-$
	硫化水素 H_2S		$H_2S ⟶ S + 2H^+ + 2e^-$
	二酸化硫黄 SO_2		$SO_2 + 2H_2O ⟶ SO_4^{2-} + 4H^+ + 2e^-$
	ヨウ化カリウム KI		$2I^- ⟶ I_2 + 2e^-$
	過酸化水素*3 H_2O_2		$H_2O_2 ⟶ O_2 + 2H^+ + 2e^-$
	シュウ酸 $(COOH)_2$		$(COOH)_2 ⟶ 2CO_2 + 2H^+ + 2e^-$
	塩化スズ(Ⅱ) $SnCl_2$		$Sn^{2+} ⟶ Sn^{4+} + 2e^-$
	硫酸鉄(Ⅱ) $FeSO_4$		$Fe^{2+} ⟶ Fe^{3+} + e^-$

表1．おもな酸化剤と還元剤の半反応式　　は覚えておく物質

*1 酸化剤の反応に酸 H^+ が必要なときは，希硫酸を加えるべきで，塩酸や硝酸を加えてはならない。
*2 二酸化硫黄は強い還元剤（H_2S など）に対しては，酸化剤としてはたらく。
*3 過酸化水素は強い酸化剤（$KMnO_4$ など）に対しては，還元剤としてはたらく。

❸ 酸化剤と還元剤の反応

■ 酸化還元反応式のつくり方 ✿3

1 酸化剤と還元剤の**半反応式**をそれぞれつくる。

2 ２つの半反応式の電子 e^- の数を合わせてから足すと，e^- が消去され，１つの**イオン反応式**が得られる。

3 両辺に反応に関係しなかったイオンを加えて整理すると，**化学反応式**が完成する。

✿3. 酸化還元反応は複雑なものが多く，いきなり書くことは難しい。そこで，酸化剤の半反応式と還元剤の半反応式を別々に書き，２つを足し合わせて１つの反応式をつくるという方法がとられる。

図3. 過酸化水素とヨウ化カリウムの反応
水溶液中では，ヨウ化物イオン I^- は無色，ヨウ素 I_2 は褐色である。

★**4.** 過マンガン酸カリウム $KMnO_4$ を酸性水溶液中で反応させるとき，塩酸は用いない。これは，塩酸中の塩化物イオン Cl^- が還元剤としてはたらくからである。

図4. 過酸化水素と過マンガン酸カリウムの反応
マンガン(Ⅱ)イオン Mn^{2+} は結晶中や濃い水溶液中では淡桃色であるが，薄い水溶液中ではほぼ無色である。

■ 過酸化水素とヨウ化カリウムの反応

1 硫酸酸性のもとでは，過酸化水素 H_2O_2 は酸化剤として作用し，反応後は水 H_2O になる。

$$H_2O_2 + 2H^+ + 2e^- \longrightarrow 2H_2O \quad \cdots\cdots ①$$

また，ヨウ化カリウム KI 水溶液中のヨウ化物イオン I^-（無色）は還元剤として作用し，反応後はヨウ素 I_2（褐色）になる。

$$2I^- \longrightarrow I_2 + 2e^- \quad \cdots\cdots\cdots\cdots ②$$

2 ①式＋②式より，e^- を消去すると，イオン反応式が得られる。

$$H_2O_2 + 2H^+ + 2I^- \longrightarrow I_2 + 2H_2O \quad \cdots\cdots ③$$

3 ③式の両辺に，反応に関与しなかった硫酸イオン SO_4^{2-} とカリウムイオン K^+ を加えると，化学反応式が得られる。

$$H_2O_2 + H_2SO_4 + 2KI \longrightarrow I_2 + 2H_2O + K_2SO_4$$

■ 過マンガン酸カリウムと過酸化水素の反応

1 過マンガン酸カリウム $KMnO_4$ の水溶液は，過マンガン酸イオン MnO_4^- のため赤紫色をしている。硫酸酸性のもとで酸化剤としてはたらくと，無色のマンガン(Ⅱ)イオン Mn^{2+} になる。

$$MnO_4^- + 8H^+ + 5e^- \longrightarrow Mn^{2+} + 4H_2O \quad \cdots\cdots ④$$

過酸化水素は，ふつうは酸化剤としてはたらくが，**強い酸化作用をもつ $KMnO_4$ に対しては還元剤としてはたらき**，酸素 O_2 が発生する。

$$H_2O_2 \longrightarrow O_2 + 2H^+ + 2e^- \quad \cdots\cdots\cdots\cdots ⑤$$

2 ④式×2＋⑤式×5より，e^- を消去すると，イオン反応式が得られる。

$$2MnO_4^- + 5H_2O_2 + 6H^+ \longrightarrow 2Mn^{2+} + 5O_2 + 8H_2O \quad \cdots\cdots ⑥$$

3 ⑥式の両辺に，反応に関与しなかった SO_4^{2-} と K^+ を加えると，化学反応式が得られる。

$$2KMnO_4 + 5H_2O_2 + 3H_2SO_4 \longrightarrow 2MnSO_4 + 5O_2 + 8H_2O + K_2SO_4$$

4 酸化剤・還元剤の量的関係

■ **酸化還元滴定** 酸化剤が受けとる電子の数と還元剤が放出する電子の数が等しいとき，酸化剤と還元剤は過不足なく反応し，酸化還元反応が一定の物質量の比で終了する。

この量的関係を利用すると，濃度が正確にわかっている酸化剤（還元剤）の標準溶液を用いて，濃度がわからない還元剤（酸化剤）の濃度を求めることができる。このような操作を**酸化還元滴定**という。

使用する器具と操作方法は中和滴定（→p.98）とほぼ同じであるが，指示薬を用いず，酸化剤あるいは還元剤自身の色の変化を利用することが多い。[5]

■ **酸化還元滴定の終点** 酸化還元滴定の終点では，電子の授受が完了した状態となるため，次の関係が成り立つ。

> **ポイント**
> **酸化還元滴定の終点**
> (酸化剤が受けとった電子の物質量) = (還元剤が放出した電子の物質量)

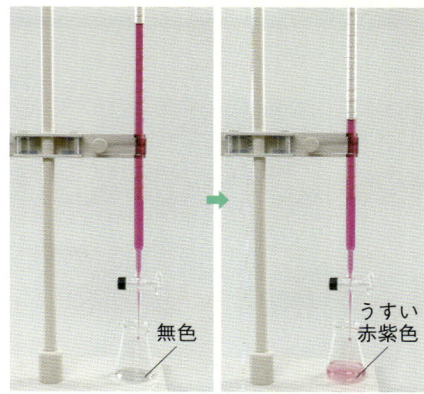

図5．**酸化還元滴定** 過酸化水素水に過マンガン酸カリウム水溶液（硫酸酸性）を滴下していく。容器内に過酸化水素 H_2O_2 が残っている間は，滴下した過マンガン酸イオン MnO_4^- の色が消えるが，H_2O_2 がなくなると，滴下した MnO_4^- はマンガン（Ⅱ）イオン Mn^{2+} に変われなくなり，MnO_4^- の色が消えなくなる。よって，溶液の色が無色からわずかに赤紫色になったときが，この滴定の終点である。

5. MnO_4^-（赤紫色）→ Mn^{2+}（無色）という色の変化を利用して行う酸化還元滴定を，特に**過マンガン酸塩滴定**という。図5の実験では，$KMnO_4$ は酸化剤であるとともに，指示薬の役割も兼ねている。

例題 酸化還元滴定

濃度不明の過酸化水素水が20.0 mLある。これに希硫酸を加えて酸性にし，2.00×10^{-2} mol/L 過マンガン酸カリウム水溶液を滴下していくと，16.0 mL滴下したところで過マンガン酸カリウムの赤紫色が消失しなくなり，溶液がうすい赤紫色になった。
この過酸化水素水のモル濃度は何mol/Lか。

解説 酸化剤：$MnO_4^- + 8H^+ + 5e^- \longrightarrow Mn^{2+} + 4H_2O$
還元剤：$H_2O_2 \longrightarrow O_2 + 2H^+ + 2e^-$

過マンガン酸イオン MnO_4^- 1 mol は電子 5 mol を受けとり，過酸化水素 H_2O_2 1 mol は電子 2 mol を放出する。
よって，反応の終点では次の関係が成り立つ。

（$KMnO_4$ の物質量）× 5 ＝（H_2O_2 の物質量）× 2

求める過酸化水素水の濃度を x 〔mol/L〕とすると，
2.00×10^{-2} mol/L × $\dfrac{16.0}{1000}$ L × 5 = x〔mol/L〕× $\dfrac{20.0}{1000}$ L × 2
$x = 4.00 \times 10^{-2}$ mol/L

答 4.00×10^{-2} mol/L

> ■ 酸化還元滴定の終点では，酸化剤が受けとる電子の物質量と還元剤が放出する電子の物質量が等しい。

3 金属のイオン化傾向

1 金属のイオン化って何？

■ **イオン化傾向** 亜鉛Znを希硫酸に入れると，水素H_2を発生しながら反応して溶解する。

$$Zn + H_2SO_4 \longrightarrow ZnSO_4 + H_2$$

一方，銅Cuを希硫酸に入れても，H_2は発生せず，溶解しない。このように，**金属によって酸との反応性は異なる**。

一般に，金属の単体が水溶液中で陽イオンになろうとする性質を，**金属のイオン化傾向**という。希硫酸との反応から，ZnはCuよりイオン化傾向が大きいといえる。

■ **電子の授受** 亜鉛Znを希硫酸に入れると水素H_2が発生するのは，亜鉛が放出した電子を水素イオンH^+が受けとる酸化還元反応が起こったためである。[1]

$$Zn \longrightarrow Zn^{2+} + 2e^- \qquad 2H^+ + 2e^- \longrightarrow H_2$$

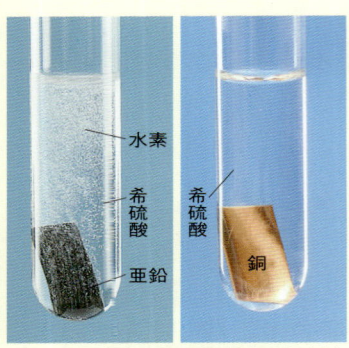

図1．希硫酸と亜鉛（左），銅（右）の反応

✿1. $Zn \longrightarrow Zn^{2+} + 2e^-$ の反応は，Znが電子を奪われるから，酸化である。また，$2H^+ + 2e^- \longrightarrow H_2$ の反応は，H^+が電子を得るから，還元である。

2 金属樹の生成は

■ **銀樹** 銀イオンAg^+を含む水溶液に銅線Cuを入れると銅線の表面に銀が樹枝状に析出する（**銀樹**）。このとき，Cuは電子を失い，酸化されてCu^{2+}となる一方，Ag^+は電子を受けとり，還元されて銀Agとなる。

$$Cu + 2Ag^+ \longrightarrow Cu^{2+} + 2Ag$$

逆に，銅（Ⅱ）イオンCu^{2+}を含む水溶液に銀線Agを入れても，何も変化は起こらない。これらのことから，イオン化傾向は Cu＞Ag であることがわかる。

■ **鉛樹** 鉛（Ⅱ）イオンPb^{2+}を含む水溶液に亜鉛片Znを入れると，亜鉛片の表面に鉛が樹枝状に析出する（**鉛樹**）。

図2．銀樹（左）と鉛樹（右）

> **ポイント**
> 金属Aのイオン＋金属B ⟶ 金属Bのイオン＋金属A
> の反応が起こるとき，イオン化傾向はB＞A

3 金属をイオン化傾向の順に並べる

■ **イオン化列** 代表的な金属をイオン化傾向の大きい順に並べたものを，**イオン化列**という。イオン化傾向が大きい金属ほど相手に電子を与えやすく，還元力が大きい。

覚え方 イオン化列	貸そう Li K	か Ca	な Na	ま Mg	あ Al	あ Zn	て Fe	に Ni	す Sn	な Pb	ひ (H₂)	ど Cu	過 Hg	ぎる Ag	借 Pt	金 Au
水との反応	常温で反応			熱水と反応	高温の水蒸気と反応			反応しない								
酸との反応	塩酸，希硫酸に溶け，水素を発生する											酸化力のある酸に溶ける			王水に溶ける	
空気中での反応	内部まで酸化			表面に酸化物の被膜を生じる										酸化されない		
金属の製法	融解して電気分解する			還元剤を加えて熱する								加熱する			単体で産出	

表1．イオン化列と金属(単体)の反応性

4 金属の反応性

■ **水との反応** イオン化傾向が極めて大きいK，Ca，Naは，常温の水と反応してH_2を発生する。

$$2Na + 2H_2O \longrightarrow 2NaOH + H_2$$

Mg～Feは常温の水とは反応しないが，Mgは熱水，Al，Zn，Feは高温の水蒸気と反応してH_2を発生する。

$$3Fe + 4H_2O \rightleftarrows Fe_3O_4 + 4H_2$$

■ **酸との反応** H_2よりイオン化傾向が大きい金属は，塩酸や希硫酸と反応し，H_2を発生する。ただし，Pbは，表面に水に溶けにくい$PbCl_2$や$PbSO_4$が生成するため，塩酸や希硫酸にはほとんど溶けない。

H_2よりイオン化傾向が小さいCuやAgは，塩酸や希硫酸などの酸化力のない酸とは反応しないが，硝酸や熱濃硫酸のような酸化力のある酸とは反応して溶ける。このとき，発生する気体はH_2ではなく，希硝酸ではNO，濃硝酸ではNO₂，熱濃硫酸ではSO_2である。

$$3Cu + 8HNO_3(希) \longrightarrow 3Cu(NO_3)_2 + 2NO + 4H_2O$$
$$Cu + 4HNO_3(濃) \longrightarrow Cu(NO_3)_2 + 2NO_2 + 2H_2O$$
$$Cu + 2H_2SO_4(熱濃) \longrightarrow CuSO_4 + SO_2 + 2H_2O$$

イオン化傾向が極めて小さいPtとAuは，硝酸や熱濃硫酸にも溶けないが，酸化力が極めて強い王水には溶ける。

■ **不動態** Al，Fe，Niなどの金属は濃硝酸には溶けない。これは，表面に緻密な酸化物の被膜を生じて内部を保護する状態になるからである。この状態を不動態という。

■ **空気との反応** イオン化傾向が極めて大きいK，Ca，Naは，空気中では速やかに内部まで酸化される。Mg～Cuの金属は，空気中では徐々に酸化され，表面に酸化物の被膜を生じる。イオン化傾向が極めて小さいPtやAuなどは空気中では酸化されず，美しい金属光沢を保ち続ける。

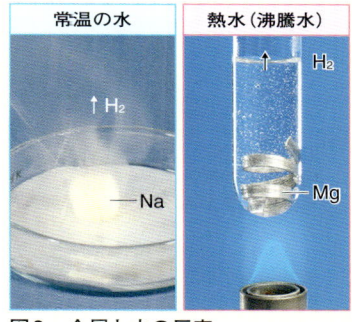

図3．金属と水の反応

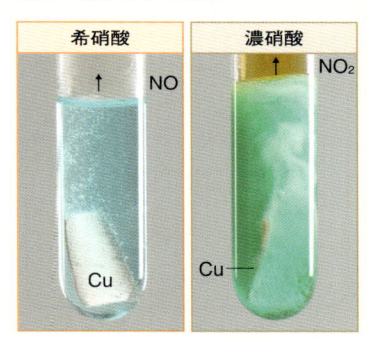

図4．銅と希硝酸(左)，濃硝酸(右)の反応

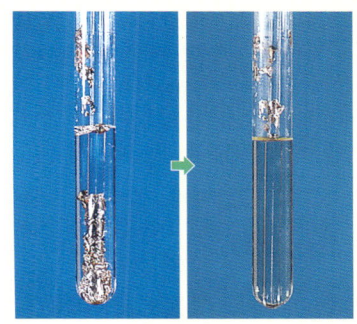

図5．金と王水の反応
王水は，濃硝酸と濃塩酸を体積の比が1：3になるように混合したものである。

3章 酸化還元反応

4 電池の原理

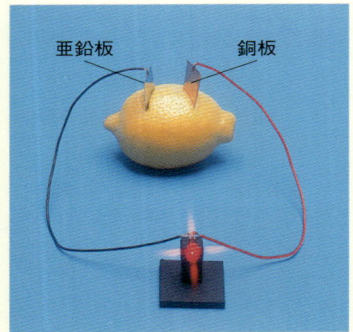

図1. 果物電池
果汁には電解質（各種の有機酸）が含まれるので，イオン化傾向が異なる2種の金属を差し込むと，果物電池ができる。

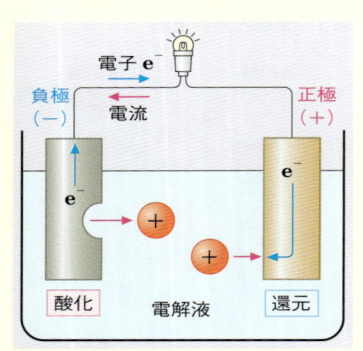

図2. 電池の原理

○1. 発展 電池内で，酸化還元反応に直接関係する物質を**活物質**という。負極で還元剤としてはたらく物質が**負極活物質**，正極で酸化剤としてはたらく物質を**正極活物質**という。

○2. 発展 負極，電解液，正極の間を縦線｜で区切る。電解液を2種類用いた場合は，その間も｜で区切る。
例 (－) Zn｜H₂SO₄aq｜Cu (＋)

1 電池のしくみ

■ **電池とは** 酸化還元反応に伴って放出される化学エネルギーを電気エネルギーとしてとり出す装置を，**電池（化学電池）**という。一般に，電池はイオン化傾向が異なる2種類の金属と，電解液の組み合わせでできている。

酸化還元反応を同じ場所で行わせると熱が発生するだけであるが，酸化反応と還元反応を別の場所で行わせ，その間を導線で結ぶと，一定方向に電子が移動する。

■ **電池の原理** イオン化傾向が大きい金属は酸化され，陽イオンになって電解液中に溶け出す。生じた電子は，導線を通って他方の金属に移動し，そこで還元反応が起こる。

■ **電極と起電力** 電解液に浸した2種類の金属を**電極**という。酸化反応が起こり，外部に電子が流れ出す電極を**負極**といい，外部から電子が流れこみ，還元反応が起こる電極を**正極**という。正極と負極の間に生じる電位差（電圧）を電池の**起電力**といい，単位にはVを用いる。

■ **電池式** 発展 一般に，電池の構成を表す化学式を**電池式**という。電池式を書くときは，左から負極，電解液，正極の順に，それぞれ化学式を書く。

> **ポイント 電池**
> 負極……イオン化傾向 **大**
> 正極……イオン化傾向 **小** ← 電子の流れ
> 電子の流れと逆方向が電流の方向となる。

2 一次電池と二次電池の違い

■ **一次電池** 電池から電流をとり出すことを**放電**という。マンガン乾電池（→p.116）のように，放電を続けると起電力が低下し，元の状態に戻すことができない電池を**一次電池**という。

■ **二次電池** 鉛蓄電池（→p.117）のように，放電して起電力が低下しても，外部から放電時とは逆向きの電流を流すと起電力を回復させることができる電池を**二次電池**または**蓄電池**という。また，二次電池の起電力を回復させる操作を**充電**という。

5 いろいろな電池　発展

1 ボルタ電池

■ **ボルタ電池**　イタリアの**ボルタ**が1800年ごろに発明した最初の電池で，希硫酸中に亜鉛板と銅板を浸したもの。

■ **負極と正極の反応**　**イオン化傾向の大きい亜鉛Znが負極**となり，**イオン化傾向の小さい銅Cuが正極**となる。

負極では，Znがイオンになって溶け出し，電子e^-を残す。

（負極）　$Zn \longrightarrow Zn^{2+} + 2e^-$

正極では，Cuは変化せず，水素イオンH^+がe^-を受けとって，水素分子H_2になる。

（正極）　$2H^+ + 2e^- \longrightarrow H_2$

■ **電池の分極**　ボルタ電池で豆電球を点灯すると，最初**起電力は約1.1 V**あるが，すぐに約0.4 Vに下がり，電球は消えてしまう。これは，銅板の表面に水素の気泡がついて銅板と希硫酸が接触できなくなり，電子のやりとりが妨げられるとともに，$H_2 \longrightarrow 2H^+ + 2e^-$ という逆反応も起こって，電子を逆向きに流そうとするからである。このように，電池の起電力が下がる現象を**電池の分極**という。

2 ダニエル電池

■ **ダニエル電池**　イギリスの**ダニエル**が1836年に考案した，ボルタ電池の改良型である。素焼きの筒に濃い硫酸銅(Ⅱ)水溶液と銅板を入れ，これをうすい硫酸亜鉛水溶液と亜鉛板を入れた容器中に沈める。この場合も，イオン化傾向の大きい亜鉛Znが負極，イオン化傾向の小さい銅Cuが正極となる。

ダニエル電池の電池式は次式のように表され，起電力は約1.1 Vである。

（-）$Zn \,|\, ZnSO_4aq \,|\, CuSO_4aq \,|\, Cu$（+）

■ **負極と正極の反応**　ダニエル電池を放電すると，各電極で次の反応が起こる。

（負極）　$Zn \longrightarrow Zn^{2+} + 2e^-$（酸化）
（正極）　$Cu^{2+} + 2e^- \longrightarrow Cu$（還元）

ボルタ電池とは異なり，正極に水素が発生しないので，分極が起こりにくく，起電力は長時間低下しない。

※1. 負極から電子を押し出す強さが起電力である。電池の起電力は両電極の金属のイオン化傾向の差が大きいほど大きくなる。起電力の単位はVで，これはボルタの名前から名づけられた。

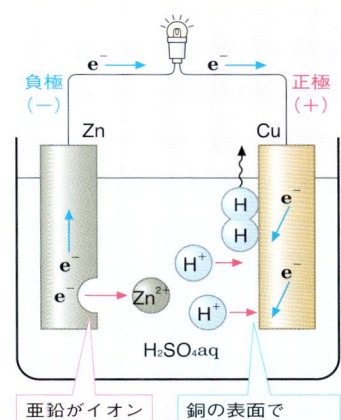

図1．ボルタ電池

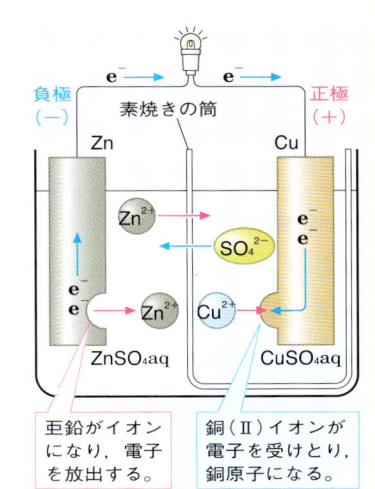

図2．ダニエル電池
素焼きの筒は銅(Ⅱ)イオンCu^{2+}と亜鉛イオンZn^{2+}を混じりにくくするためのものであるが，イオンの通過は妨げない。

3章　酸化還元反応

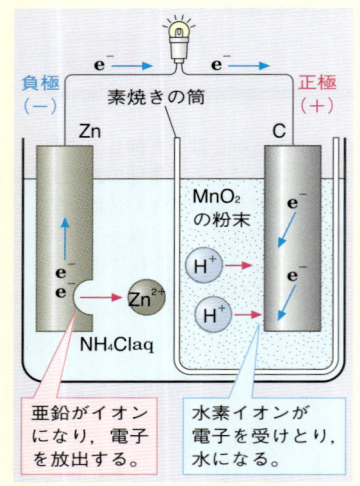

図3. ルクランシェ電池

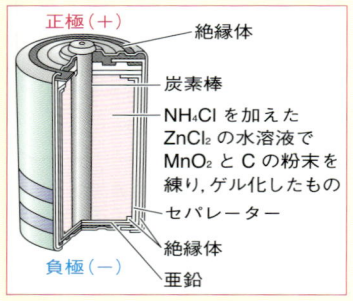

図4. マンガン乾電池

✿2. 負極で亜鉛イオンZn^{2+}の濃度が高まると亜鉛の溶解が妨げられ，分極の一因となる。Zn^{2+}をアンモニウムイオンNH_4^+と反応させることにより，Zn^{2+}の濃度を低い状態に保っている。

図5. リチウムイオン電池
電気自動車や電力貯蔵などに用いられている。

3 マンガン乾電池とは

■ **実用電池** ボルタ電池は放電するとすぐに分極が起こり，実用には使えない。ボルタ電池の欠点を改良して，分極が起こりにくく，安定した電流を長時間とり出せるようにした電池が，現在用いられている**実用電池**である。

■ **マンガン乾電池** フランスのルクランシェが考案したルクランシェ電池を携帯用に改良したものが**マンガン乾電池**である。マンガン乾電池は，現在，最もよく用いられている一次電池で，次のような電池式で表される。

$$(-)\ Zn\ |\ ZnCl_2aq,\ NH_4Claq\ |\ MnO_2 \cdot C\ (+)$$

■ **負極と正極の反応** 亜鉛Znは負極活物質（還元剤）としてはたらき，電子e^-を放出して亜鉛イオンZn^{2+}となる。

(負極) $Zn \longrightarrow Zn^{2+} + 2e^-$

$Zn^{2+} + 4NH_4^+ \longrightarrow [Zn(NH_3)_4]^{2+} + 4H^+$ ✿2

一方，酸化マンガン(Ⅳ)MnO_2は正極活物質（酸化剤）としてはたらき，e^-を受けとる。

(正極) $MnO_2 + H^+ + e^- \longrightarrow MnO(OH)$

また，電解液には，塩化亜鉛$ZnCl_2$に少量の塩化アンモニウムNH_4Clを加えた水溶液をゲル化して用いる。

なお，マンガン乾電池の起電力は約1.5Vである。

■ **アルカリマンガン乾電池** マンガン乾電池の電解液を，酸化亜鉛ZnOを含む水酸化カリウムKOH水溶液にかえたものである。起電力は約1.5Vと変わらないが，より長時間にわたって電流をとり出すことができる。

4 リチウムイオン電池とは

■ **リチウムイオン電池** 負極にリチウムLiを含む黒鉛LiC_6，正極にコバルト酸リチウム$LiCoO_2$，電解液に有機溶媒を用いた二次電池である。リチウムイオンLi^+が負極と正極の間を行き来することにより放電と充電が行われる。

リチウムイオン電池は小型・軽量であるが，約4Vと高起電力であり，大きな電流を流すことができる。また，電解液に水を含まないため，低温でも凍らず，寒さに強い。現在，携帯電話やノート型パソコン，デジタルカメラの電源や，大型のものは電気自動車のバッテリーとして，広く用いられている。

2編 物質の変化

5 鉛蓄電池とはどんな電池か

■ **鉛蓄電池** 鉛蓄電池は，自動車のバッテリーなどに用いられている代表的な二次電池で，起電力は約2.1Vである。負極活物質には鉛Pb，正極活物質には酸化鉛(Ⅳ) PbO_2，電解液には希硫酸が用いられる。

$$(-)\ Pb\ |\ H_2SO_4aq\ |\ PbO_2\ (+)$$

■ **放電時の負極と正極の反応**

(負極) $Pb + SO_4^{2-} \longrightarrow PbSO_4 + 2e^-$

(正極) $PbO_2 + 4H^+ + SO_4^{2-} + 2e^- \longrightarrow PbSO_4 + 2H_2O$

(両極) $Pb + PbO_2 + 2H_2SO_4 \longrightarrow 2PbSO_4 + 2H_2O$

　上式からわかるように，放電すると，両極とも水に不溶性の硫酸鉛(Ⅱ) $PbSO_4$ でおおわれるとともに，硫酸 H_2SO_4 の濃度もしだいに減少し，起電力は低下する。

■ **充電** 鉛蓄電池は，起電力が1.8V以下になるまでに充電しなければならない。充電の方法は，外部の直流電源の＋極を鉛蓄電池の正極に，一極を負極につないで，約2.3Vの電圧で電流を流す。すると，放電時の逆の反応が起こって元の状態に戻り，起電力が回復する。

■ **過充電** 充電によって，負極の $PbSO_4$ はすべてPbに戻り，正極の $PbSO_4$ が PbO_2 に戻ったあとも，さらに充電を続けると，こんどは水の電気分解が起こり，負極から水素 H_2，正極から酸素 O_2 が発生してしまう。

6 燃料電池とは

■ **燃料電池の構造** 負極には水素 H_2 などの燃料，正極には酸素 O_2（空気）を連続的に供給して反応させ，燃料がもつ化学エネルギーを効率よく電気エネルギーとしてとり出す装置を燃料電池という。代表的な燃料電池では，負極活物質に H_2，正極活物質に O_2，電解液にリン酸 H_3PO_4 水溶液を用いており，起電力は約1.2Vである。

$$(-)\ Pt\cdot H_2\ |\ H_3PO_4aq\ |\ O_2\cdot Pt\ (+)$$

■ **燃料電池の反応**

(負極) $H_2 \longrightarrow 2H^+ + 2e^-$

(正極) $O_2 + 4H^+ + 4e^- \longrightarrow 2H_2O$

■ **燃料電池の特徴** エネルギー変換効率が高いうえに，生成物は水であり，環境を汚染することがないので，自動車の動力源や分散型の電源として注目されている。

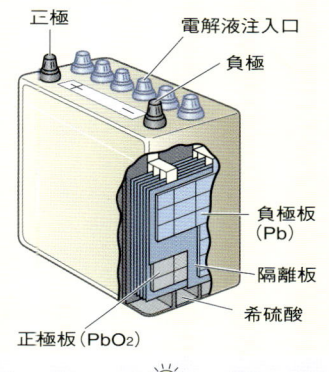

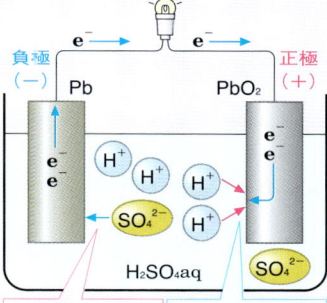

図6．鉛蓄電池の放電

✲3．鉛蓄電池内の希硫酸の体積は，水の蒸発や過充電などによって減少することがある。このときは，蒸留水を加えて元の体積に戻す。

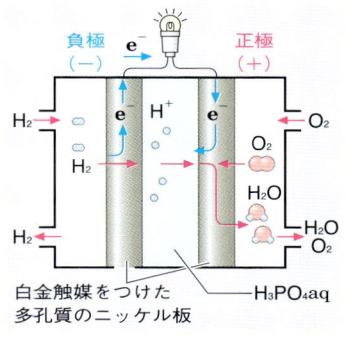

図7．水素－酸素型の燃料電池

3章　酸化還元反応

6 電気分解　発展

1 電気分解とはどんな変化か

■ **電気分解のしくみ**　電解質を水に溶かしたり，熱して融解させたりすると，陽イオンと陰イオンがばらばらになり，自由に動けるようになる。このような状態になったところに2つの電極を浸し，外部から直流電流を流すと，液中の電解質に化学変化を起こすことができる。このように，電気エネルギーを用いて酸化還元反応を起こす操作を，**電気分解（電解）** という。

電気分解において，電源の負極につないだ電極を**陰極**，電源の正極につないだ電極を**陽極**という。

> **ポイント**
> 電気分解 ｛陰極（電子が流れこむ電極）……還元反応
> 　　　　　｛陽極（電子が流れ出す電極）……酸化反応

○1. 電気分解の電極には，ふつう，化学的に安定な白金Ptや黒鉛Cを用いる。

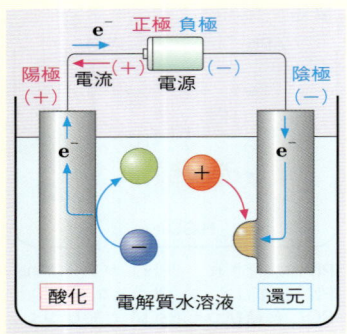

図1．電気分解の原理

2 水溶液の電気分解

■ **陰極での反応**　電子e^-が流れこむ陰極では，最も還元されやすい物質が電子e^-を受けとり，還元される。

1 Cu^{2+}，Ag^+のようにイオン化傾向が小さい金属イオンが存在すれば，これらのイオンが還元され，金属として析出する。

　例　$Cu^{2+} + 2e^- \longrightarrow Cu$

2 K^+，Na^+，Al^{3+}のようにイオン化傾向が大きい金属イオンだけしか存在しない場合は，水H_2O分子（水溶液が酸性の場合は水素イオンH^+）が還元され，水素H_2が発生する。

　例　$2H_2O + 2e^- \longrightarrow H_2 + 2OH^-$　　$2H^+ + 2e^- \longrightarrow H_2$

■ **陽極での反応**　電子が流れ出す陽極では，最も酸化されやすい物質が電子e^-を失い，酸化される。

1 Cl^-，I^-などのハロゲン化物イオンが存在すれば，これらのイオンが酸化され，Cl_2やI_2が生じる。

　例　$2Cl^- \longrightarrow Cl_2 + 2e^-$

2 SO_4^{2-}やNO_3^-などの多原子イオンだけしか存在しない場合は，水H_2O分子（水溶液が塩基性の場合は水酸化物イオンOH^-）が酸化され，酸素O_2が発生する。

○2. これらの金属イオンは極めて還元されにくい。

○3. 例えば，塩化ナトリウムNaCl水溶液を電気分解すると，イオン化傾向が大きいNa^+は還元されない。陰極で電子を受けとって還元されるのは，水溶液中の水H_2O分子である。
$2H_2O + 2e^- \longrightarrow H_2 + 2OH^-$

○4. これらの多原子イオンは極めて酸化されにくい。

○5. 例えば，希硫酸H_2SO_4を電気分解すると，陽極で電子を失って酸化されるのは，水溶液中の水H_2O分子である。
$2H_2O \longrightarrow O_2 + 4H^+ + 4e^-$

例 $2H_2O \longrightarrow O_2 + 4H^+ + 4e^-$
　　$4OH^- \longrightarrow 2H_2O + O_2 + 4e^-$

3 　白金 Pt，金 Au 以外の金属を陽極にした場合は，陽極自身が酸化され，陽イオンとなって溶け出す。

例 $Cu \longrightarrow Cu^{2+} + 2e^-$

> **ポイント**
> 陰極に生成する物質
> ①イオン化傾向が小さい金属（Cu，Ag など）は析出。
> ②イオン化傾向が大きい金属は析出せず，H_2 が発生。
> 陽極に生成する物質
> ①Cl^- が存在するときは，Cl_2 が発生。
> ②SO_4^{2-}，NO_3^- しか存在しないときは，O_2 が発生。

3 銅の電解精錬

■ 銅の鉱石の黄銅鉱 $CuFeS_2$ を溶鉱炉内でコークスや石灰石と反応させると，硫化銅（Ⅰ）Cu_2S になる。次に転炉で酸素を通じると，単体の銅が得られる。この段階ではまだ不純物として，Au，Ag，Ni，Fe，Zn，Pb などが約 1 ％含まれているので，**粗銅**とよばれる。

粗銅板を陽極，純銅板を陰極とし，硫酸酸性の硫酸銅（Ⅱ）$CuSO_4$ 水溶液を約 0.4 V の低電圧で電気分解すると，陰極に**純銅**（純度 99.99 ％程度）が析出する。

　（陽極）　$Cu \longrightarrow Cu^{2+} + 2e^-$
　（陰極）　$Cu^{2+} + 2e^- \longrightarrow Cu$

4 融解塩の電気分解

■ K，Ca，Na，Mg，Al など，イオン化傾向が大きい金属の場合，そのイオンを含む水溶液を電気分解しても，陰極に析出させることはできない。そこで，**高温の融解液を電気分解して，これらの金属の単体をとり出す**。この操作を，**融解塩電解（溶融塩電解）**という。

■ **アルミニウムの製錬**　アルミニウムの原料は酸化アルミニウム Al_2O_3 である。Al_2O_3 の融点は 2000 ℃以上であるが，**氷晶石** Na_3AlF_6 と混ぜて熱すると，約 1000 ℃で融解する。この融解液を，炭素電極を用いて電気分解する。

　（陰極）　$Al^{3+} + 3e^- \longrightarrow Al$
　（陽極）　$C + O^{2-} \longrightarrow CO + 2e^-$
　　　　　$C + 2O^{2-} \longrightarrow CO_2 + 4e^-$

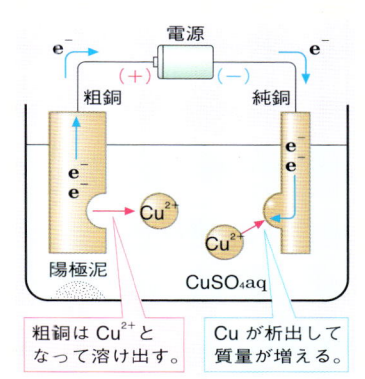

図2．銅の電解精錬
粗銅は Cu^{2+} となって溶け出す。
Cu が析出して質量が増える。
電気分解を利用して，金属の純度を高める方法を**電解精錬**という。粗銅中の不純物のうち，銅 Cu よりイオン化傾向の大きいものはイオンになって溶け出し，Cu よりイオン化傾向の小さい金 Au や銀 Ag は陽極の下に沈んでたまる。これを**陽極泥**といい，これから金や銀が回収される。

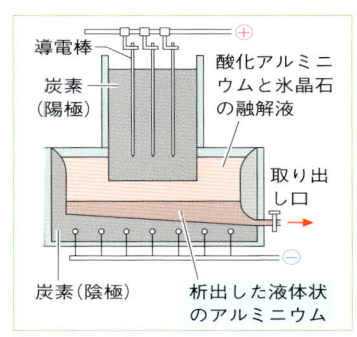

図3．アルミニウムの製錬装置
陰極に析出したアルミニウムは液体状で底にたまる。陽極の炭素は酸素と反応して消費されるので，絶えず補給する必要がある。

3章　酸化還元反応

7 電気分解の計算　発展

1 生成物の量は電気量に比例

■ **電気分解の量的関係**　電気分解において，同じ時間内に陰極で陽イオンが受けとる電子の数と，陽極で陰イオンが失う電子の数は等しい。また，陰極と陽極での生成物の物質量は，各電極でやりとりする電子の数に比例する。よって，**電気分解時に陰極と陽極で変化した物質の量は，流れた電子がもつ電気量に比例する。**

■ **電気量の単位**　電気量の単位には**クーロン**（記号 C）が用いられ，$1\,C$ は $1\,A$ の電流を 1 秒間流したときの電気量である。

■ **ファラデー定数**　電子 $1\,mol$ がもつ電気量の大きさは $96500\,C$ である。この $96500\,C/mol$ を**ファラデー定数**といい，記号 F で表す。

> **ポイント**
> 電気量 $Q\,[C]$ ＝電流 $I\,[A]$ ×時間 $t\,[s]$
> ファラデー定数 $F = 96500\,C/mol$

■ **電極での反応式の見かた**　反応式から反応物や生成物の量を計算するときは，物質の化学式が $1\,mol$ の物質量を表すものと考えればよい。電気分解の各電極での反応式には，必ず電子 e^- が含まれているが，計算では，この e^- の物質量に相当する電気量を考えればよい。

例　$\underset{2\,mol}{Cu^{2+} + 2e^-} \longrightarrow \underset{1\,mol}{Cu}$

（$2\,mol$ の e^- が流れると，$Cu\,1\,mol$ が析出する。）

例　$2H_2O \longrightarrow \underset{1\,mol}{O_2} + H^+ + \underset{4\,mol}{4e^-}$

（$4\,mol$ の e^- が流れると，$O_2\,1\,mol$ が発生する。）

2 ファラデーの電気分解の法則

■ **ファラデーの電気分解の法則**

> **ポイント**
> 1　電極で変化するイオンの物質量は，流れる電気量に比例する。
> 2　流れる電気量が同じときは，変化するイオンの物質量はイオンの価数に反比例する。

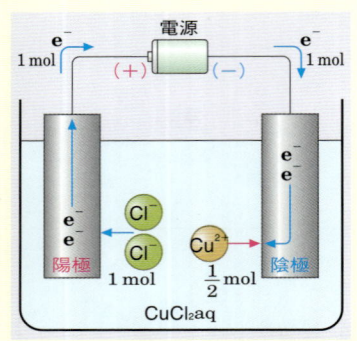

図1．電極に生成する物質と電気量の関係
（陰極）　$Cu^{2+} + 2e^- \longrightarrow Cu$
（陽極）　$2Cl^- \longrightarrow Cl_2 + 2e^-$

☆1．ファラデー（1791～1867）イギリスの物理学者・化学者。貧しい鍛冶屋の家庭に育ったため，学校教育が受けられず，製本屋で徒弟奉公をしながら，科学の勉強をした。のち，デービーの弟子になり，科学研究への道が開かれると，たちまち才能を発揮し，いろいろな分野で多彩な業績をあげた。

物質	イオンの価数	物質量〔mol〕
H_2	2	0.5
O_2	4	0.25
Cl_2	2	0.5
Ag	1	1
Cu	2	0.5
Zn	2	0.5
Al	3	0.33

表1．電子 $1\,mol$ の電気量による各物質の変化量

例題　ファラデーの法則

白金電極を用いて，硫酸銅(Ⅱ)水溶液を，5.0 A の電流で 16 分 5 秒間電気分解した。原子量：Cu = 64

(1) 陰極に析出する銅は何 g か。
(2) 陽極から発生する酸素は，標準状態で何 L か。

解説　流れた電気量は，

$5.0\,\text{A} \times (60 \times 16 + 5)\,[\text{s}] = 4825\,\text{C}$

よって，流れた電子の物質量は，

$\dfrac{4825\,\text{C}}{96500\,\text{C/mol}} = 0.050\,\text{mol}$

(1) 陰極での反応は，$Cu^{2+} + 2e^- \longrightarrow Cu$

電子 e^- 2 mol で銅 Cu 1 mol が析出するから，

$0.050\,\text{mol} \times \dfrac{1}{2} \times 64\,\text{g/mol} = 1.6\,\text{g}$ ← Cu の物質量

(2) 陽極での反応は，$2H_2O \longrightarrow O_2 + 4H^+ + 4e^-$

e^- 4 mol で酸素 O_2 1 mol が発生するから，

$0.050\,\text{mol} \times \dfrac{1}{4} \times 22.4\,\text{L/mol} = 0.28\,\text{L}$ ← O_2 の物質量

答　(1) 1.6 g　(2) 0.28 L

例題　電解槽の接続

右図のような装置を組み立てて電気分解を行ったところ，電極Ⅱには 1.28 g の金属が析出した。

原子量：Cu = 64，Ag = 108

(1) 流れた電気量は何 C か。
(2) 電極Ⅳで析出した金属は何 g か。

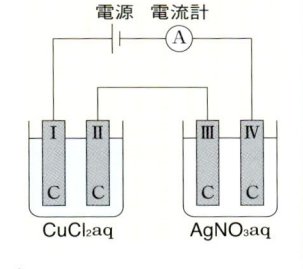

解説　(1) 電極Ⅱ(陰極)での反応は，$Cu^{2+} + 2e^- \longrightarrow Cu$

電子 e^- 2 mol で銅 Cu 1 mol が析出するから，

$\dfrac{1.28\,\text{g}}{64\,\text{g/mol}} \times 2 = 0.040\,\text{mol}$ ← Cu の物質量／e^- の物質量

よって，流れた電気量は，

$96500\,\text{C/mol} \times 0.040\,\text{mol} = 3.86 \times 10^3\,\text{C}$

(2) 直列回路なので，**電極Ⅰ～Ⅳに流れる電気量はすべて等しい**。電極Ⅳでの反応は，$Ag^+ + e^- \longrightarrow Ag$

e^- 1 mol で銀 Ag 1 mol が析出するから，

$0.040\,\text{mol} \times 1 \times 108\,\text{g/mol} = 4.32\,\text{g}$ ← Ag の物質量

答　(1) 3.86×10^3 C　(2) 4.32 g

✲2. 電解槽の接続

電解槽の直列接続

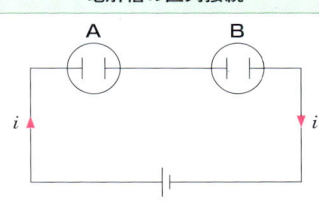

どの電解槽にも，同じ大きさの電流が同じ時間だけ流れるから，**各電解槽を流れる電気量は，すべて等しい**。

電解槽の並列接続

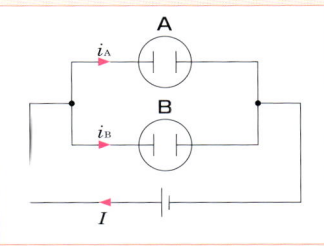

電源から出た全電流 I と，各電解槽を流れる電流 i_A，i_B，……の間には，

$I = i_A + i_B + \cdots\cdots$

の関係がある。**全電気量は，各電解槽に流れた電気量の和に等しい**。

3章　酸化還元反応

重要実験　酸化剤の酸化作用を調べる

方法

1. 0.01 mol/L 過マンガン酸カリウム水溶液 10 mL をとり，2 mol/L 硫酸 0.5 mL を加える。これを，3 本の試験管(A)～(C)に分け入れる。
2. 試験管(A)に 0.1 mol/L **ヨウ化カリウム水溶液**を 1 滴ずつ加えていき，よく振りながら，色の変化を観察する。
3. 2の水溶液に**デンプン水溶液**を 1，2 滴加え，色の変化を観察する。
4. 試験管(B)には 0.1 mol/L **シュウ酸水溶液**，試験管(C)には 3 %**過酸化水素水**を加え，変化を観察する。
5. 別の 3 本の試験管(D)～(F)を用意し，銅片を入れる。試験管(D)に**濃硫酸**を加えて加熱し，変化を観察する。また，試験管(E)には**希硝酸**，試験管(F)には**濃硝酸**を加え，変化を観察する。

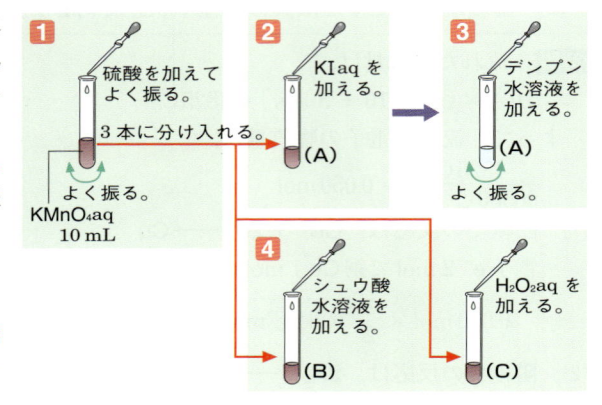

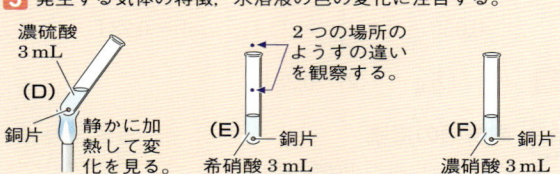

結果

1. 方法2では，過マンガン酸カリウム水溶液の**赤紫色が消えて無色**になった。
2. 方法3では，水溶液の色が**青紫色になった**（ヨウ素デンプン反応）。
3. 方法4では，(B)，(C)ともに**気体が発生**し，水溶液の色が**無色**になった。
4. 方法5での(D)では，**刺激臭がある気体が発生**し，水溶液の色が**わずかに青色**になった。(E)では，**無色の気体が発生**したが，**試験管の口付近で色が褐色に変わった**。また，水溶液の色が**青色**になった。(F)では，**褐色の気体が発生**し，水溶液の色が**青緑色**になった。

考察

1. 方法2，4，5で起こる反応を，それぞれ化学反応式で表せ。
   → 方法2　　$2KMnO_4 + 10KI + 8H_2SO_4 \longrightarrow 2MnSO_4 + 6K_2SO_4 + 8H_2O + 5I_2$
   　　方法4　(B)　$2KMnO_4 + 5(COOH)_2 + 3H_2SO_4 \longrightarrow 2MnSO_4 + K_2SO_4 + 8H_2O + 10CO_2$
   　　　　　　(C)　$2KMnO_4 + 5H_2O_2 + 3H_2SO_4 \longrightarrow 2MnSO_4 + K_2SO_4 + 8H_2O + 5O_2$
   　　方法5　(D)　$Cu + 2H_2SO_4 \longrightarrow CuSO_4 + SO_2 + 2H_2O$
   　　　　　　(E)　$3Cu + 8HNO_3 \longrightarrow 3Cu(NO_3)_2 + 4H_2O + 2NO$
   　　　　　　(F)　$Cu + 4HNO_3 \longrightarrow Cu(NO_3)_2 + 2H_2O + 2NO_2$
2. 方法5で，銅は水素よりイオン化傾向が小さいにもかかわらず溶けたのはなぜか。
   → 熱濃硫酸や希硝酸，濃硝酸は，**強い酸化力をもつ**から。

重要実験 電池について調べる 発展

方法

〈ボルタ電池〉

1. 300 mL ビーカーに 1 mol/L 希硫酸 200 mL を入れ，1.2 V 用の豆電球を接続した銅板と亜鉛板を浸す。
2. 豆電球が点灯することを確かめ，両極板の変化を観察する。
3. 直流電圧計を接続して 1 と同様の操作を行い，電圧計の値の変化を調べる。

〈鉛蓄電池〉

4. ビーカーに 3 mol/L 希硫酸を入れ，2 枚の鉛板を浸す。
5. 直流電源につないで 6 V の電圧を加え，約 5 分間電流を流す。このときの両極板での変化を観察する。
6. 電源を外し，2.5 V 用の豆電球をつなぐ。
7. 豆電球が消えたら，5，6 を繰り返す。

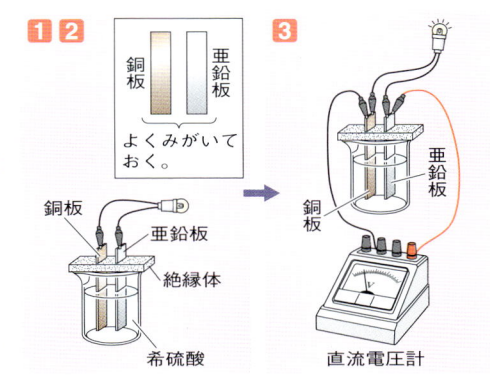

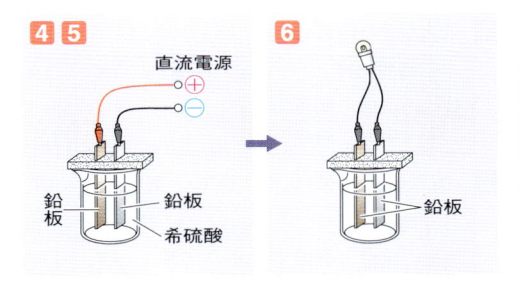

結果

1. 方法 2 では，銅板から気体が発生した。
2. 方法 3 では，最初は 1.1 V を示したが，すぐに電圧が下がりはじめ，0.4 V になった。
3. 方法 5 では，両方の鉛板から気体が発生した。また，電源の正極につないだ鉛板の色が暗褐色になった。
4. 方法 6 では，豆電球が点灯したが，十数秒で消えた。
5. 方法 7 では，再び豆電球が点灯するようになったが，十数秒で消えた。

考察

1. 結果 1 で発生した気体は何か。 → $2H^+ + 2e^- \longrightarrow H_2$ の反応が起こり，**水素**が発生する。
2. 結果 2 のように電池の起電力が下がる現象を何というか。 → **電池の分極**という。発生した水素によって極板での電子のやりとりが妨げられたり，発生した水素が酸化されて電子を逆向きに流そうとしたりするために起こる。
3. 結果 3 で発生した気体は，それぞれ何か。 → 鉛を電極として水の電気分解を行ったことになる。よって，負極につないだ鉛板から発生したのは**水素** H_2，正極につないだ鉛板から発生したのは**酸素** O_2 である。
4. 結果 3 で生じた暗褐色の物質は何か。 → **酸化鉛(IV)** PbO_2 が生じている。

3章 酸化還元反応

重要実験 希硫酸の電気分解 〈発展〉

方法

1. 2 mol/L 希硫酸を電気分解装置に入れ，直流電流計と電源装置を接続する。
2. 0.1 A の電流を20分間流し，両極で発生した気体の体積を4分ごとに読みとる。
3. 電流の大きさを0.2 A に変え，2と同様の操作を行う。

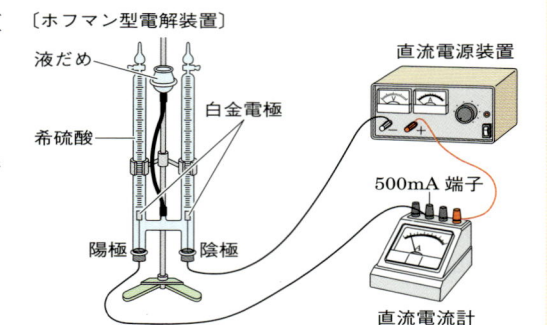

〔ホフマン型電解装置〕 液だめ・希硫酸・白金電極・陽極・陰極・直流電源装置・500mA 端子・直流電流計

結果

1. 方法2の結果（気温：18℃，気圧：1×10^5 Pa）

時間〔分〕		4	8	12	16	20
気体の体積〔mL〕	陽極	1.5	2.9	4.3	5.8	7.2
	陰極	3.0	6.0	9.1	12.1	15.1

2. 方法3の結果（気温：18℃，気圧：1×10^5 Pa）

時間〔分〕		4	8	12	16	20
気体の体積〔mL〕	陽極	2.9	5.8	8.7	11.6	15.1
	陰極	6.0	12.0	18.0	24.0	30.0*

3. 1，2をグラフにまとめると，次のようになった。

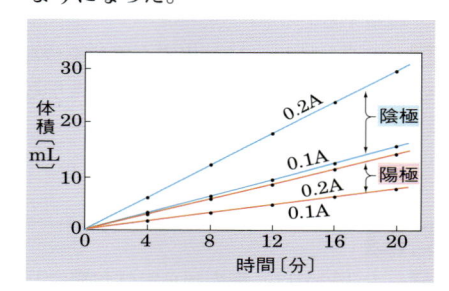

考察

1. 方法2，3で，4分間，8分間，12分間，16分間，20分間に流れた電気量は，それぞれ何Cか。

電気量 Q〔C〕＝電流 I〔A〕×時間 t〔s〕より，

時間〔分〕	4	8	12	16	20
電気量〔C〕 0.1Aのとき	24	48	72	96	120
0.2Aのとき	48	96	144	192	240

2. 1と結果の3のグラフから，流れた電気量と発生した気体の体積にはどのような関係があるといえるか。

流れた電気量と発生した気体の体積は比例する。

3. 2中の * のデータを用いて，電子1 molがもつ電気量を求めよ。なお，気体の体積は絶対温度に比例するものとする。

標準状態における体積を V_0〔mL〕とすると，

$$V_0 = 30.0 \text{ mL} \times \frac{273 \text{ K}}{(18 + 273)\text{〔K〕}} \fallingdotseq 28.1 \text{ mL}$$

$2H^+ + 2e^- \longrightarrow H_2$ より，電子 e^- 2 mol で水素 H_2 1 mol が発生するから，電子1 molの電気量を Q〔C〕とすると，

$$\frac{240 \text{ C}}{Q\text{〔C/mol〕}} \times \frac{1}{2} = \frac{28.1 \text{ mL}}{22.4 \times 10^3 \text{ mL/mol}}$$

$$Q \fallingdotseq 9.57 \times 10^4 \text{ C}$$

テスト直前チェック 定期テストにかならず役立つ！

1. ☐ 物質が水素や電子を失う変化を何という？
2. ☐ 物質が水素や電子を受けとる変化を何という？
3. ☐ 物質中の原子やイオンの酸化の程度を表す数値を何という？
4. ☐ 酸化数が増加する変化を何という？
5. ☐ 酸化数が減少する変化を何という？
6. ☐ 相手の物質を酸化する物質を何という？
7. ☐ 相手の物質を還元する物質を何という？
8. ☐ 酸化剤，還元剤のはたらきを電子を使って表したイオン反応式をそれぞれ何という？
9. ☐ 濃度既知の酸化剤（還元剤）の溶液を用いて，濃度不明の還元剤（酸化剤）の溶液の濃度を求める操作を何という？
10. ☐ 酸化還元滴定で，酸化剤として用いられる代表的な物質は？
11. ☐ 金属の単体が水溶液中で陽イオンになろうとする性質を何という？
12. ☐ 硝酸銀水溶液に銅線を入れたとき，銅の表面に析出した樹枝状の銀を何という？
13. ☐ 金属をイオン化傾向が大きいほうから順に並べたものを何という？
14. ☐ イオン化傾向が大きい金属ほど，その単体の反応性は大きい？ 小さい？
15. ☐ イオン化傾向が特に大きいK，Naなどの金属が水と反応すると発生する気体は？
16. ☐ 水素よりイオン化傾向が小さい金属を溶かす酸は何？
17. ☐ 白金・金も溶かす酸化力が極めて強い溶液を特に何という？
18. ☐ Al，Fe，Niを濃硝酸に加えても反応しない。この状態を何という？
19. ☐ 酸化還元反応で放出される化学エネルギーを電気エネルギーに変換する装置は何？
20. ☐ 外部へ電子が流れ出す電極を何という？
21. ☐ 放電を続けると起電力が低下し，元の状態に戻せない電池を何という？
22. ☐ 起電力が低下しても，充電すれば起電力を回復できる電池を何という？

解答

1. 酸化
2. 還元
3. 酸化数
4. 酸化
5. 還元
6. 酸化剤
7. 還元剤
8. 半反応式
9. 酸化還元滴定
10. 過マンガン酸カリウム
11. 金属のイオン化傾向
12. 銀樹
13. イオン化列
14. 大きい
15. 水素
16. 硝酸，熱濃硫酸
17. 王水
18. 不動態
19. 電池
20. 負極
21. 一次電池
22. 二次電池（蓄電池）

定期テスト予想問題　解答→p.140

1 酸化数

次の文が正しければ○を記し，誤っていれば下線部を訂正して，正しい文にせよ。
(1) 原子番号と等しい数の電子をもつ原子の酸化数は0である。
(2) 酸化数が負の値をとるのは，単体の状態よりも，より酸化されている状態のときである。
(3) 電子を2つ得た原子の酸化数は，2だけ増加する。
(4) ナトリウムNa，カリウムKの化合物中での酸化数は，必ず+1である。
(5) 構成原子の酸化数の総和は，イオンからなる物質の場合は必ず0になるが，分子からなる物質の場合は必ずしも0とはかぎらない。

2 酸化数の決定

次の化合物またはイオンについて，下線部の原子の酸化数はいくらか。
(1) K$\underline{Mn}$O$_4$　(2) H$\underline{Cl}$O$_4$　(3) H$_2\underline{O}_2$
(4) K$_2\underline{Cr}_2$O$_7$　(5) $\underline{N}$H$_4^+$　(6) $\underline{Cr}$O$_4^{2-}$
(7) H$_2\underline{S}$O$_4$　(8) H$\underline{N}$O$_3$　(9) $\underline{O}_2$

3 酸化還元反応の判定

次の反応から，酸化還元反応を選び，記号で答えよ。また，酸化された原子・イオンの酸化数の変化を（+1 → +2）のように答えよ。
ア　$2KI + Br_2 \longrightarrow I_2 + 2KBr$
イ　$NaCl + H_2SO_4 \longrightarrow NaHSO_4 + HCl$
ウ　$2FeCl_2 + H_2O_2 + 2HCl \longrightarrow 2FeCl_3 + 2H_2O$
エ　$Fe^{2+} + 2OH^- \longrightarrow Fe(OH)_2$
オ　$Cu + 4HNO_3 \longrightarrow Cu(NO_3)_2 + 2NO_2 + 2H_2O$

4 酸化還元反応

次の反応について，あとの問いに答えよ。
$$Cl_2 + H_2S \longrightarrow 2HCl + S$$
(1) この反応の内容を正しく表していないものを，次のア〜オから選べ。
ア　Cl$_2$はH$_2$Sによって還元されている。
イ　Cl$_2$はH$_2$Sから電子を奪っている。
ウ　HClは還元されて生じた。
エ　Cl原子とS原子の酸化数の変化量は等しい。
オ　S原子の酸化数は増加している。
(2) 次の文の[　]に適する化学式を記せ。
　この反応の酸化剤は①[　　　]，還元剤は②[　　　]である。

5 酸化剤の作用

0.10 mol/L過マンガン酸カリウム水溶液10 mLを硫酸酸性で用いると，何molの鉄(Ⅱ)イオンFe^{2+}を酸化することができるか。ただし，次の反応が起こるものとする。
$$MnO_4^- + 8H^+ + 5e^- \longrightarrow Mn^{2+} + 4H_2O$$
$$Fe^{2+} \longrightarrow Fe^{3+} + e^-$$

6 酸化・還元の量的関係

硫酸酸性の過マンガン酸カリウム水溶液と，シュウ酸水溶液との反応について，次の問いに答えよ。
(1) このとき起こった反応を，化学反応式で表せ。
(2) 0.10 mol/Lシュウ酸水溶液10 mLを酸化するのに，0.020 mol/L過マンガン酸カリウム水溶液を何mL加えればよいか。
(3) 0.020 mol/L過マンガン酸カリウム水溶液100 mLを還元するのに，シュウ酸の結晶（H$_2$C$_2$O$_4$・2H$_2$O）は何mol必要か。

7 金属のイオン化傾向

金属 Zn, Mg, Na, Au, Cu, Ag がある。次の記述から, A～F がこれら6種の金属のどれにあたるかを答えよ。

① B は, 室温で水と激しく反応し, C は熱水中で反応した。
② C, E は希硫酸と反応して水素を発生する。D, F は希硫酸と反応しないが, 熱濃硫酸と反応して二酸化硫黄を発生する。A は熱濃硫酸とも反応しない。
③ D のイオンを含む溶液に F を加えると, F が溶け, D が析出した。

8 イオン化列と反応性

次のア～カから正しいものを2つ選べ。
ア 銅に希硫酸を加えると, 水素を発生する。
イ 白金・金は熱濃硫酸に溶けないが, 王水には溶ける。
ウ 銀を空気中で熱すると, 酸化銀 Ag_2O となる。
エ 鉛(Ⅱ)イオン Pb^{2+} を含む水溶液にみがいた銅線を浸すと, 鉛樹ができる。
オ アルミニウムは, 希塩酸・希硫酸・希硝酸のいずれにも溶けるが, 濃硝酸には, 表面に不動態をつくるため, 溶けない。
カ ナトリウムやカリウムは常温の水と激しく反応するが, 希塩酸とは反応しない。

9 鉛蓄電池

鉛蓄電池について述べた次のア～エから, 誤っているものをすべて選べ。
ア 放電すると, 両極とも硫酸鉛(Ⅱ)を生じる。
イ いくら放電しても, 充電すれば元の状態に戻る。
ウ 充電すると, 電解液の密度が小さくなる。
エ 充電するときには, 外部電源の正極を鉛蓄電池の正極に, 外部電源の負極を鉛蓄電池の負極に接続する。

10 ダニエル電池 【発展】

右の図は, ダニエル電池を模式的に表したものである。
(1) D, E に入れる水溶液は何か。
(2) 電子の移動のようすを, A, B, C の記号と矢印で示せ。
(3) 放電しているときの, それぞれの電極での変化と電池全体での変化を, それぞれイオン反応式で示せ。
(4) 素焼きの筒の, 内側から外側へ, 外側から内側へ移動するイオンをそれぞれ1つずつ, イオン式を使って示せ。
(5) この電池の電解液の濃度を調節して, できるだけ長時間使用するにはどうすればよいか。

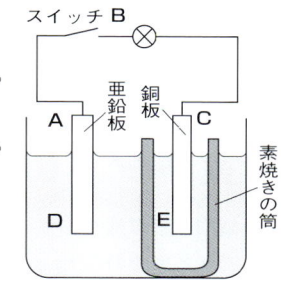

11 電気分解の計算 【発展】

塩化銅(Ⅱ)水溶液に, 白金電極を用いて, 1.0 A の電流を1時間20分25秒通じたところ, 陰極には銅が析出し, 陽極からは塩素が発生した。塩素は水に溶けないものとして, 次の問いに答えよ。
原子量：Cu = 64
ファラデー定数：$F = 9.65 \times 10^4$ C/mol
(1) 通じた電気量は何Cか。
(2) 析出した銅は何gか。
(3) 発生した塩素は, 標準状態で何Lか。

ホッとタイム

知ってるかい？
こんな話 あんな話②

> ⊙ いわゆる化学に関する内容には，まずテストには出ませんが，けっこうおもしろいものがたくさんあります。それらの中からいくつか選び出し，話に仕立ててみました。そう，コーヒーでも飲みながら読むのが，よく似合うかな。

✿ 試薬びんの中に隠した金メダルの話

　濃硝酸と濃塩酸を体積の比が1：3になるように混ぜてつくった液が金を溶かすことが発見されたのはアラビアでのこと。この液は十字軍の遠征の際に錬金術がさかんだった中世ヨーロッパに伝えられ，「王の水」という名前がつけられました。日本でも，そのまま訳して「王水」とよんでいます。ここでは，この「王水」に関して実際にあった有名な話を紹介しましょう。

　ときは第二次世界大戦中。ところはデンマークの首都コペンハーゲン。当時，コペンハーゲン大学で研究を続けていたヘヴェシー教授は，ドイツ軍の手から逃れるために，とうとう国外へ脱出しなければならなくなりました。そのとき，困ったことが1つありました。ラウエ博士とフランク博士のノーベル賞の金メダルを預かっていたのです。金メダルを持って逃げるわけにはいきませんが，かといって，金メダルを置いて逃げるわけにもいきません。困った教授がふと思い出したのが，金を溶かす「王水」のことでした。教授は預かっていた金メダルを王水に溶かして試薬びんに入れ，実験室の棚にほかの試薬びんと同様に並べておくことにしました。

　そして，終戦。研究所に戻った教授は，実験室の棚にそのまま残っていた試薬びんを見つけ，ほっと一安心。ノーベル賞を選考するスウェーデン・アカデミーに経緯を説明しました。王水からとり出した金で再びメダルがつくられ，両博士のもとに届けられたそうです。

　ところで，このヘヴェシー教授は，原子番号72のハフニウムHfを発見した人物であり，1943年には自身もノーベル化学賞を受賞しています。

✿ すっぱくてもアルカリ性食品というわけ

　酸といえばすっぱい，すっぱいといえば酸というのは，いわば世間の常識です。ところがここに，ちょっとややこしい話があります。何と，梅干しやレモン，夏ミカンなどがアルカリ性食品であるというのです。

　これには，ちょっとしたカラクリがあります。知っている人もいると思いますが，栄養学では，食品を酸性食品とアルカリ性食品に分類することがあります。この分類では，食品の味がすっぱいか苦いかは，まったく関係がありません。食品を燃やしたあとに残る灰を水中に入れて成分を溶かし出し，得られた水溶液のpHをはかって，酸性食品かアルカリ性食品かを決定するのです。

　したがって，塩素，リン，硫黄など非金属元素が含まれる食品は酸性食品，ナトリウム，マグネシウム，カリウム，カルシウムなど金属元素が含まれる食品はアルカリ性食品に分類されることになります。

　そのため，肉や魚など，動物由来の食品の大部分は酸性食品に分類され，野菜や果物など，植物由来の食品の大部分はアルカリ性食品に分類されるのです。

✿ 身近なところでも酸化還元反応は使われている

　難しく思える酸化還元反応ですが，実は身近なところでさまざまに利用されています。例えば，急須で入れた緑茶を飲んでいるとき，時間とともに緑茶の色が茶色っぽく変色してしまった経験がありませんか？

　このような緑茶の変色は，緑茶の成分が酸化されてしまうために起こります。現在では，ペットボトルに入った緑茶飲料が数多く見られるようになりました。緑茶が酸化されると，変色するだけでなく，苦味が増して風味が悪くなります。そのため，市販の緑茶飲料には酸化防止剤としてビタミンCが加えられています。

　ビタミンCはアスコルビン酸ともよばれる物質で，比較的強い還元剤です。つまり，酸化されやすい性質をもつことになります。ビタミンCを緑茶に加えておくと，緑茶より先にビタミンCが酸化されるため，緑茶の酸化を防ぐことができます。ビタミンCは少量ではほとんど食品の味に影響を与えないため，酸化防止剤として，緑茶飲料以外の食品にも広く利用されています。

元素の周期表

周期＼族	1	2	3	4	5	6	7	8
1	1 H¹ 水素 1.008 （水素は他の1族元素とは性質が異なる）							
2	3 Li¹ リチウム 6.941	4 Be² ベリリウム 9.012						
3	11 Na¹ ナトリウム 22.99	12 Mg² マグネシウム 24.31						
4	19 K¹ カリウム 39.10	20 Ca² カルシウム 40.08	21 Sc² スカンジウム 44.96	22 Ti² チタン 47.87	23 V² バナジウム 50.94	24 Cr¹ クロム 52.00	25 Mn² マンガン 54.94	26 Fe² 鉄 55.85
5	37 Rb¹ ルビジウム 85.47	38 Sr² ストロンチウム 87.62	39 Y² イットリウム 88.91	40 Zr² ジルコニウム 91.22	41 Nb¹ ニオブ 92.91	42 Mo¹ モリブデン 95.96	43 Tc² テクネチウム (99)	44 Ru¹ ルテニウム 101.1
6	55 Cs¹ セシウム 132.9	56 Ba² バリウム 137.3	* 57～71 ランタノイド	72 Hf² ハフニウム 178.5	73 Ta² タンタル 180.9	74 W² タングステン 183.8	75 Re² レニウム 186.2	76 Os² オスミウム 190.2
7	87 Fr¹ フランシウム (223)	88 Ra² ラジウム (226)	** 89～103 アクチノイド	104 Rf ラザホージウム (267)	105 Db ドブニウム (268)	106 Sg シーボーギウム (271)	107 Bh ボーリウム (272)	108 Hs ハッシウム (277)

凡例： 原子番号 → 1 H¹ ← 価電子数／元素記号／元素名　原子量概数 → 1.008

*ランタノイド:
| 57 La² ランタン 138.9 | 58 Ce² セリウム 140.1 | 59 Pr² プラセオジム 140.9 | 60 Nd² ネオジム 144.2 | 61 Pm² プロメチウム (145) | 62 Sm² サマリウム 150.4 |

**アクチノイド:
| 89 Ac² アクチニウム (227) | 90 Th² トリウム 232.0 | 91 Pa² プロトアクチニウム 231.0 | 92 U² ウラン 238.0 | 93 Np² ネプツニウム (237) | 94 Pu² プルトニウム (239) |

注1. 赤色文字の元素は単体が常温で気体，青色文字の元素は単体が常温で液体，他の元素は単体が常温で固体。
2. （ ）内の原子量は，代表的な放射性同位体の質量数。

9	10	11	12	13	14	15	16	17	18
									2 He ヘリウム 4.003
				5 B ホウ素 10.81 ³	6 C 炭素 12.01 ⁴	7 N 窒素 14.01 ⁵	8 O 酸素 16.00 ⁶	9 F フッ素 19.00 ⁷	10 Ne ネオン 20.18 ⁰
				13 Al アルミニウム 26.98 ³	14 Si ケイ素 28.09 ⁴	15 P リン 30.97 ⁵	16 S 硫黄 32.07 ⁶	17 Cl 塩素 35.45 ⁷	18 Ar アルゴン 39.95 ⁰
27 Co コバルト 58.93 ²	28 Ni ニッケル 58.69 ²	29 Cu 銅 63.55 ¹	30 Zn 亜鉛 65.38 ²	31 Ga ガリウム 69.72 ³	32 Ge ゲルマニウム 72.64 ⁴	33 As ヒ素 74.92 ⁵	34 Se セレン 78.96 ⁶	35 Br 臭素 79.90	36 Kr クリプトン 83.80 ⁰
45 Rh ロジウム 102.9 ¹	46 Pd パラジウム 106.4 ²	47 Ag 銀 107.9 ¹	48 Cd カドミウム 112.4 ²	49 In インジウム 114.8 ³	50 Sn スズ 118.7 ⁴	51 Sb アンチモン 121.8 ⁵	52 Te テルル 127.6 ⁶	53 I ヨウ素 126.9 ⁷	54 Xe キセノン 131.3 ⁰
77 Ir イリジウム 192.2 ²	78 Pt 白金 195.1 ¹	79 Au 金 197.0 ¹	80 Hg 水銀 200.6	81 Tl タリウム 204.4 ³	82 Pb 鉛 207.2 ⁴	83 Bi ビスマス 209.0 ⁵	84 Po ポロニウム (210) ⁶	85 At アスタチン (210) ⁷	86 Rn ラドン (222) ⁰
109 Mt マイトネリウム (276) ²	110 Ds ダームスタチウム (281)	111 Rg レントゲニウム (280)	112 Cn コペルニシウム (285)	113 Nh ニホニウム (286)	114 Fl フレロビウム (289)	115 Mc モスコビウム (289)	116 Lv リバモリウム (293)	117 Ts テネシン (294)	118 Og オガネソン (294)
63 Eu ユウロピウム 152.0 ²	64 Gd ガドリニウム 157.3 ²	65 Tb テルビウム 158.9 ²	66 Dy ジスプロシウム 162.5 ²	67 Ho ホルミウム 164.9 ²	68 Er エルビウム 167.3 ²	69 Tm ツリウム 168.9 ²	70 Yb イッテルビウム 173.0 ²	71 Lu ルテチウム 175.0 ²	
95 Am アメリシウム (243) ²	96 Cm キュリウム (247) ²	97 Bk バークリウム (247) ²	98 Cf カリホルニウム (252) ²	99 Es アインスタイニウム (252) ²	100 Fm フェルミウム (257) ²	101 Md メンデレビウム (258) ²	102 No ノーベリウム (259) ²	103 Lr ローレンシウム (262) ²	

□……典型金属元素
□……遷移金属元素
□……非金属元素
□……希ガス

定期テスト予想問題 の解答

1編 物質の構成

1章 物質の成り立ち ……… p.22

1
純物質…イ，ウ，オ，カ
混合物…ア，エ，キ，ク

考え方 塩酸は塩化水素HCl（常温で気体）を水に溶かしたもの，黄銅は銅Cuと亜鉛Znの合金である。また，石油は各種の炭化水素（炭素と水素の化合物）の混合物である。空気は窒素や酸素などの混合物で，これを冷やして液体にしたものが液体空気である。

2
(1) オ　(2) ウ　(3) イ　(4) エ
(5) ア

考え方 不溶性物質の分離は**ろ過**。溶液から溶媒を分離するのは**蒸留**。液体混合物から各成分を分離するのは**分留**。特定の物質を溶媒に溶かして分離するのは**抽出**。固体物質から不純物を除去するのは**再結晶**。

3
(1) A…温度計　B…枝付きフラスコ
　　C…リービッヒ冷却器　D…アダプター
(2) ア
(3) 沸騰石
　　理由…沸騰石の中に含まれている空気によって，沸騰が穏やかに起こり，突沸を防ぐことができるから。
(4) ア

考え方 (2) 蒸気の温度を正確に測定できる位置はアである。
(4) 上から水を流すと，冷却管内に水がたまらないため，冷却効率が悪くなる。

4
(1) 単体　(2) 元素　(3) 元素

考え方 **単体**は実在する物質を指し，具体的な性質をもつ。一方，**元素**は物質を構成する成分を指し，具体的な性質をもたない。

5
イ，エ

考え方 ア…塩化ナトリウム水溶液は混合物である。
ウ…単体を化合させると，化合物になる。

6
(1) 塩素，Cl　(2) カルシウム，Ca
(3) 炭素，C

考え方 (1) 生じた沈殿は塩化銀AgClである。
(2) 橙赤色の炎色を示すのは，カルシウムCaである。
(3) 石灰水を白濁させるのは二酸化炭素CO_2である。二酸化炭素の成分元素は炭素Cと酸素Oであるが，**Oは燃焼した物質と燃焼に用いた酸素O_2のどちらに由来するのか特定できない。確認された元素は炭素だけである。**

7
(1) A…融解　B…凝固　C…蒸発
　　D…凝縮　E…昇華　F…昇華
(2) ① 気体　② 固体　③ 固体　④ 液体
　　⑤ 気体

8
① 100　② セルシウス温度　③ −273
④ 絶対零度　⑤ 絶対温度　⑥ ケルビン

9
① 熱運動　② 融点　③ 融解　④ 蒸発
⑤ 沸点　⑥ 沸騰

考え方 液体の表面から気体になるのが蒸発であり，液体の内部からも気体になるのが沸騰である。

10
(1) AB間…固体　　BC間…固体と液体
　　CD間…液体　　DE間…液体と気体
　　EF間…気体
(2) t_1…融点　　t_2…沸点
(3) BC間…融解　　DE間…沸騰
(4) BC間…融解熱　　DE間…蒸発熱

11
① 化学変化　② 化学変化　③ 物理変化
④ 物理変化

考え方 物質の溶解や状態変化は，物質の種類が変わらないので，物理変化である。

2章 物質の構成粒子 …………… p.35

1
① 1　② 0　③ 1　④ 1　⑤ 炭素
⑥ $^{12}_{6}C$　⑦ 6　⑧ 6　⑨ $^{18}_{8}O$　⑩ 8
⑪ 塩素　⑫ 17　⑬ 17　⑭ 35

考え方 原子番号＝陽子の数＝電子の数
質量数＝陽子の数＋中性子の数

2
(1) 原子番号…3　質量数…6
(2) Li^+　(3) He　(4) 7倍

3
① 12　② 8　③ 2　④ M　⑤ 価電子
⑥ Mg^{2+}　⑦ ネオン　⑧ フッ化物イオン
⑨ F^-　⑩ 1　⑪ L　⑫ ネオン

考え方 希ガス以外の原子の最外殻電子は，イオンになったり，化学結合をするときなどに重要な役割を果たすので，価電子とよばれる。

4
① 原子番号　② 周期律　③ 周期表
④ メンデレーエフ　⑤ 周期　⑥ 族
⑦ 同族元素　⑧ 価電子　⑨ ハロゲン
⑩ 希ガス　⑪ アルカリ金属

考え方 メンデレーエフの周期表では，元素は原子量（原子の相対質量，→p.66）の順に並べられていた。現在の周期表では，元素は原子番号の順に並べられている。

5
(1) B　(2) H　(3) G　(4) D
(5) B，C，D，E　(6) A，F，G，H

考え方 (4) 周期表の3〜11族の元素を遷移元素といい，すべて金属元素である。
(6) Aの水素を忘れないように注意する。

3章 化学結合 …………… p.60

1
(1) CO_2　(2) NH_3　(3) CH_4　(4) HCl
(5) P_2O_5　(6) Fe_2O_3　(7) Fe_3O_4　(8) K^+
(9) Al^{3+}　(10) Cl^-

考え方 (5) 分子式はP_4O_{10}であるが，組成式は最も簡単な整数の比で表すので，P_2O_5である。
(6) 酸化鉄(Ⅲ)は鉄(Ⅲ)イオンFe^{3+}と酸化物イオンO^{2-}が2：3の割合で結びついている。

2
① NaOH　② Na_2SO_4　③ $CaCl_2$
④ $Ca(OH)_2$　⑤ $CaSO_4$　⑥ $AlCl_3$
⑦ $Al(OH)_3$　⑧ $Al_2(SO_4)_3$

考え方 イオンからなる物質では，陽イオンの正の電荷の和と陰イオンの負の電荷の和がちょうど0になるように集まる。したがって，
（陽イオンの価数）×（陽イオンの個数）
　＝（陰イオンの価数）×（陰イオンの個数）

この式を変形すると，次の比が成り立つ。
(陽イオンの個数)：(陰イオンの個数)
＝(陰イオンの価数)：(陽イオンの価数)

3
① ナトリウム　② 塩化物
③ 静電気的な引力(クーロン力)
④ イオン結合　⑤ イオン結晶　⑥ 強
⑦ 高　⑧ 融解

考え方　陽性の強い金属原子から陰性の強い非金属原子に電子が移動すると，陽イオンと陰イオンが生じ，両イオン間に**イオン結合**が形成される。

4
(1) ア :F̈:F̈:　イ :N⋮⋮N:
　　ウ H:N̈:H　エ H:C̈l:
　　　　　H
　　オ Ö::C::Ö　カ H:Ö:H

(2) カ　(3) ウ　(4) オ

考え方　(1) まず，**各原子の原子価を過不足なく組み合わせて，構造式を書く。**
ア F-F　イ N≡N　ウ H-N-H
　　　　　　　　　　　　　H
エ H-Cl　オ O=C=O　カ H-O-H

次に，**構造式の価標1本を共有電子対 : に置き換え**，最後に，**各原子の周囲の電子が8個(水素原子Hは2個)になるように非共有電子対を補う。**

(4) 電子の数は，原子番号の和に等しい。
ア：18　イ：14　ウ：10
エ：18　オ：22　カ：10

5
(1) エ　(2) カ　(3) ア

考え方　ア…正四面体形，イ…折れ線形，ウ…三角錐形，エ…直線形(二重結合あり)，オ…直線形，カ…直線形(三重結合あり)

6
① 硬い　② 軟らかい　③ 極めて高い
④ 極めて高い　⑤ 不導体　⑥ 良導体
⑦ 透明　⑧ 不透明

考え方　ダイヤモンドは無色透明で，極めて硬い。一方，黒鉛は黒色不透明で，軟らかい。

7
① 電気陰性度　② 右上　③ 大き　④ 極性
⑤ 形

考え方　**原子間の電気陰性度の差が大きいほど，結合の極性が大きい。**
分子の極性は，個々の結合の極性のほか，分子の形にも影響される。

8
(1) ア S=C=S　イ H-N-H
　　　　　　　　　　H
　　ウ H-S-H　エ Cl-Cl

(2) 極性分子…イ，ウ　無極性分子…ア，エ

考え方　(1) 構造式は原子間の結合を価標で表したものであり，分子の形を正確に表したものではない。
(2) 折れ線形の硫化水素 H_2S や三角錐形のアンモニア NH_3 は**極性分子**である。同種の原子からなる塩素 Cl_2 や直線形の二硫化炭素 CS_2 は**無極性分子**である。

9
① 分子結晶　② 分子間力　③ 低　④ 昇華
⑤ 共有結合の結晶　⑥ 高

考え方　分子間にはたらく引力を**分子間力**といい，分子間力によって分子が規則的に配列してできた結晶を**分子結晶**という。
また，多数の原子が共有結合だけで結びついてできた結晶を**共有結合の結晶**という。
・分子結晶…………CO_2，I_2 など
・共有結合の結晶…C，Si，SiO_2 など

⑩ オ

考え方 高温では，金属原子の熱運動が激しくなり，自由電子の動きが妨げられるため，電気伝導性が低下する。

⑪ (1) 共有結合　(2) イオン結合
(3) 金属結合　(4) 配位結合

考え方 (3) 金属中の価電子は，特定の原子に所属することなく，自由電子となって金属原子を結びつけている。

⑫ ① 共有　② 共有　③ M　④ 価　⑤ 1
⑥ イオン　⑦ イオン　⑧ M　⑨ Y^+
⑩ 1　⑪ Z^-　⑫ YZ　⑬ 共有　⑭ 分子
⑮ XZ

考え方 原子番号から，Xは水素H，YはナトリウムNa，Zは塩素Clを表していることがわかる。X原子どうし，Z原子どうし，X原子とZ原子が結合する場合は，いずれも非金属元素の原子であることから，次の電子式のように共有結合を形成し，分子をつくる。
　　X:X　　X:Z̈:　　:Z̈:Z̈:
一方，Y原子とZ原子が結合する場合は，金属元素の原子と非金属元素の原子であることから，それぞれイオンになってイオン結合を形成する。

電子放出　　　電子獲得
Y⟶Y^+　　:Z̈⟶[:Z̈:]$^-$

⑬ (1) A　(2) B　(3) B　(4) A
(5) B　(6) A　(7) B　(8) B

考え方 〔イオン結晶の性質〕
・融点・沸点が高く，硬い。
・水に溶けやすく，有機溶媒に溶けにくい。

〔分子結晶の性質〕
・融点・沸点が低く，軟らかい。
・水に溶けにくく，有機溶媒に溶けやすい。
・昇華性をもつものが多い。

⑭ (1) イ，カ　(2) ア，キ　(3) エ，オ
(4) ウ，ク

考え方 $CaSO_4$…金属+非金属→イオン結晶
$C_6H_{12}O_6$…非金属のみ→分子結晶
Mg…金属のみ→金属結晶
SiO_2…非金属(14族)→共有結合の結晶
14族の炭素Cの単体と，ケイ素Siの単体と化合物は，共有結合の結晶をつくる。

2編 物質の変化

1章 物質量と化学反応式 …… p.84

① ① 原子量　② 分子量　(①，②は順不同)
③ アボガドロ数($6.02×10^{23}$)
④ モル(mol)　⑤ 物質量

考え方 原子量，分子量，式量は，それぞれ原子，分子，イオンなどの相対質量を表す数値である。この数値にグラム単位をつけた質量の原子，分子，イオン中には，アボガドロ数($6.02×10^{23}$)個の原子，分子，イオンが含まれる。
$6.02×10^{23}$個の同一粒子の集団を 1 mol といい，molを単位として表した物質を構成する粒子の量を物質量という。

② (1) 23　(2) 39　(3) 32　(4) 64

考え方 (1) この原子のモル質量は，
　　　$3.83×10^{-23}$ g × $6.0×10^{23}$/mol ≒ 23 g/mol

モル質量から単位をとったものが原子量なので，この原子の原子量は23である。
(2) $12 × 3.25 = 39$
(3) この原子のモル質量は，
$$\frac{6.4\,\text{g}}{0.20\,\text{mol}} = 32\,\text{g/mol}$$
(4) CuO 9.54 g 中の O 原子の質量は，
$9.54\,\text{g} − 7.62\,\text{g} = 1.92\,\text{g}$
（物質量の比）＝（原子の数の比）より，Cu のモル質量を M〔g/mol〕とすると，
$$\text{Cu} : \text{O} = \frac{7.62\,\text{g}}{M\,[\text{g/mol}]} : \frac{1.92\,\text{g}}{16\,\text{g/mol}} = 1 : 1$$
$M = 63.5\,\text{g/mol}$

❸

(1) **0.25 mol**　　(2) **5.6 L**
(3) **$1.5 × 10^{23}$ 個**　　(4) **$7.5 × 10^{23}$ 個**

[考え方] (1) CH_4 の分子量は16なので，モル質量は 16 g/mol である。したがって，
$$\frac{4.0\,\text{g}}{16\,\text{g/mol}} = 0.25\,\text{mol}$$
(2) **気体のモル体積は，標準状態で 22.4 L/mol である。**したがって，
$22.4\,\text{L/mol} × 0.25\,\text{mol} = 5.6\,\text{L}$
(3) $6.0 × 10^{23}/\text{mol} × 0.25\,\text{mol} = 1.5 × 10^{23}$（個）
(4) CH_4 1分子中には，C 原子1個と H 原子4個の合計5個の原子が含まれるから，原子の総数は，
$1.5 × 10^{23} × 5 = 7.5 × 10^{23}$（個）

❹

(1) **44 g/mol**　(2) **0.10 mol**　(3) **2.2 L**
(4) **$7.3 × 10^{-23}$ g**

[考え方] (1) CO_2 の分子量は44なので，モル質量は 44 g/mol である。
(2) $\dfrac{4.4\,\text{g}}{44\,\text{g/mol}} = 0.10\,\text{mol}$
(3) $22.4\,\text{L/mol} × 0.10\,\text{mol} ≒ 2.2\,\text{L}$
(4) CO_2 分子 $6.0 × 10^{23}$ 個の質量が 44 g であることから，
$$\frac{44\,\text{g}}{6.0 × 10^{23}\,(\text{個})} ≒ 7.3 × 10^{-23}\,\text{g}$$

❺

(1) **メスフラスコ**　　(2) **エ**

[考え方] 塩化ナトリウム 58.5 g の物質量は，
$$\frac{58.5\,\text{g}}{58.5\,\text{g/mol}} = 1.0\,\text{mol}$$
いずれも 1.0 mol の NaCl を溶かしているが，**ア，イ，ウ**の方法では，**できた水溶液の体積が 1.0 L にはならないので**，正確な 1.0 mol/L の溶液にはならない。

❻

(1) **18.0 mol/L**　　(2) **11.1 mL**

[考え方] (1) **この濃硫酸 1 L について考える。**
濃硫酸 1 L（= $1000\,\text{cm}^3$）の質量は，
$1.84\,\text{g/cm}^3 × 1000\,\text{cm}^3 = 1840\,\text{g}$
このうちの 96.0 % が硫酸 H_2SO_4 の質量であるから，
$1840\,\text{g} × \dfrac{96.0}{100} ≒ 1766\,\text{g}$
H_2SO_4 のモル質量は 98 g/mol だから，物質量は，
$$\frac{1766\,\text{g}}{98\,\text{g/mol}} ≒ 18.0\,\text{mol}$$
したがって，モル濃度は 18.0 mol/L
(2) 必要な濃硫酸を v〔mL〕とすると，**溶液を薄めても溶質の物質量は変化しない**ことから，
$18.0\,\text{mol/L} × \dfrac{v}{1000}\,\text{L} = 1.00\,\text{mol/L} × \dfrac{200}{1000}\,\text{L}$
$v ≒ 11.1\,\text{mL}$

❼

それぞれ左から順に
(1) **1，5，3，4**　　(2) **4，5，1**
(3) **2，7，4，6**　　(4) **4，3，2**
(5) **1，3，1**　　(6) **3，8，3，4，2**

[考え方] **最も複雑な物質の係数を1とおき，登場回数が少ない原子から順に数を合わせていく。**
係数が分数になった場合は，分母を払って整数に直しておく。

(1) C_3H_8 の係数を**1**とおくと，C原子の数から CO_2 の係数は3，H原子の数から H_2O の係数は4となる。
右辺のO原子の数が10個なので，O_2 の係数は5となる。

(3) C_2H_6 の係数を**1**とおくと，C原子の数から CO_2 の係数は2，H原子の数から H_2O の係数は3となる。
右辺のO原子の数が7個なので，O_2 の係数は $\dfrac{7}{2}$ となる。
最後に，全体を2倍して分母を払い，整数にする。

(5) $Al(OH)_3$ の係数を**1**とおくと，Al原子の数から Al^{3+} の係数は1，O原子とH原子の数から OH^- の係数は3となる。
イオン反応式の場合は，両辺の電荷の和が等しくなることにも注意する。

(6) 複雑な反応式の係数は，以下のように**未定係数法**で求めるとよい。
$a\,Cu + b\,HNO_3$
$\longrightarrow c\,Cu(NO_3)_2 + d\,H_2O + e\,NO$
Cu…$a = c$
H…$b = 2d$
N…$b = 2c + e$
O…$3b = 6c + d + e$
ここで，$a = 1$ とおくと，$b = \dfrac{8}{3}$，$c = 1$，$d = \dfrac{4}{3}$，$e = \dfrac{2}{3}$ となるから，それぞれを3倍して，$a = 3$，$b = 8$，$c = 3$，$d = 4$，$e = 2$ となる。

8

(1) $MnO_2 + 4HCl$
$\longrightarrow MnCl_2 + Cl_2 + 2H_2O$

(2) $Ba^{2+} + SO_4^{2-} \longrightarrow BaSO_4$

考え方 (1) 生成物として塩素 Cl_2 だけが与えられているが，実際には水 H_2O も生成する。

(2) **イオン反応式は反応に関係するイオンだけで表す**から，反応に関係しない Cu^{2+} と $2Cl^-$ は省略する。

9

① 3 ② 1.8×10^{24} ③ 1.2×10^{24}
④ 1.0 ⑤ 2.0 ⑥ 6.0 ⑦ 28 ⑧ 67.2
⑨ 44.8

考え方 反応式の係数の比は，反応する分子の数や物質量の比と等しい。
反応物や生成物の質量や体積は，次の式で求める。
質量〔g〕＝モル質量〔g/mol〕×物質量〔mol〕
体積〔L〕＝モル体積〔L/mol〕×物質量〔mol〕

10

(1) **20 g** (2) **13 g**
(3) 水素…**0.60 g**　窒素…**2.8 g**
(4) ① **36 g**　② **34 L**

考え方 (1) $2Mg + O_2 \longrightarrow 2MgO$ より，マグネシウム Mg 1 mol から酸化マグネシウム MgO 1 mol が生成する。
Mg 12 g の物質量は，
$\dfrac{12\,g}{24\,g/mol} = 0.50\,mol$
したがって，生成した MgO は 0.50 mol であり，その質量は，
$40\,g/mol \times 0.50\,mol = 20\,g$

(2) $CH_4 + 2O_2 \longrightarrow CO_2 + 2H_2O$ より，メタン CH_4 1 mol の完全燃焼には酸素 O_2 2 mol が必要である。
CH_4 3.2 g の物質量は，
$\dfrac{3.2\,g}{16\,g/mol} = 0.20\,mol$
したがって，必要な O_2 の物質量と質量は，
$0.20\,mol \times 2 = 0.40\,mol$
$32\,g/mol \times 0.40\,mol \fallingdotseq 13\,g$

(3) $N_2 + 3H_2 \longrightarrow 2NH_3$ より，アンモニア NH_3 2 mol をつくるには，水素 H_2 3 mol と窒素 N_2 1 mol が必要である。
NH_3 3.4 g の物質量は，
$\dfrac{3.4\,g}{17\,g/mol} = 0.20\,mol$
したがって，必要な H_2 の物質量と質量は，

$0.20\,\mathrm{mol} \times \dfrac{3}{2} = 0.30\,\mathrm{mol}$

$2.0\,\mathrm{g/mol} \times 0.30\,\mathrm{mol} = 0.60\,\mathrm{g}$

同様に，必要な N_2 の物質量と質量は，

$0.20\,\mathrm{mol} \times \dfrac{1}{2} = 0.10\,\mathrm{mol}$

$28\,\mathrm{g/mol} \times 0.10\,\mathrm{mol} = 2.8\,\mathrm{g}$

(4) $C_3H_8 + 5O_2 \longrightarrow 3CO_2 + 4H_2O$ より，プロパン C_3H_8 1 mol を完全燃焼させると，二酸化炭素 CO_2 3 mol と水 H_2O 4 mol が生成する。

C_3H_8 22 g の物質量は，

$\dfrac{22\,\mathrm{g}}{44\,\mathrm{g/mol}} = 0.50\,\mathrm{mol}$

① $0.50\,\mathrm{mol} \times 4 = 2.0\,\mathrm{mol}$

$18\,\mathrm{g/mol} \times 2.0\,\mathrm{mol} = 36\,\mathrm{g}$

② $0.50\,\mathrm{mol} \times 3 = 1.5\,\mathrm{mol}$

$22.4\,\mathrm{L/mol} \times 1.5\,\mathrm{mol} \fallingdotseq 34\,\mathrm{L}$

11

(1) **6.4 g**，質量保存の法則
(2) **0.30 g**，定比例の法則
(3) **10 L**，気体反応の法則

[考え方] (1) $8.8\,\mathrm{g} - 2.4\,\mathrm{g} = 6.4\,\mathrm{g}$

(2) 水 H_2O 中の水素 H と酸素 O の質量の比は，

$H : O = 1.0 \times 2 : 16 \times 1 = 1 : 8$

求める水素の質量を x [g] とすると，

$x : 2.4 = 1 : 8$　　$x = 0.30\,\mathrm{g}$

(3) $2CO + O_2 \longrightarrow 2CO_2$

化学反応式の係数の比は気体の体積の比と等しいから，反応する一酸化炭素 CO の体積と生成する二酸化炭素 CO_2 の体積は等しい。

2章 酸と塩基の反応 ……… p.104

1

(1) ×　(2) ×　(3) ○　(4) ×　(5) ○
(6) ×　(7) ×　(8) ○　(9) ×　(10) ×

[考え方] (1) 塩化水素 HCl など，酸素 O を含まない酸（水素酸）もある。

(2), (9) 酸・塩基の価数と強弱の間には，直接の関係はない。

(4) アンモニアは水に溶けても一部しか電離せず，弱塩基に分類される。

(6) 塩化水素 HCl は強酸である。

(7) メタノール CH_3OH やエタノール C_2H_5OH は OH をもつが，中性である。

(9) アンモニア NH_3 は分子中に OH をもたないが，水に溶けると水酸化物イオン OH^- を生じるので，塩基である。

$NH_3 + H_2O \rightleftarrows NH_4^+ + OH^-$

2

(1) 酸　(2) 酸　(3) 塩基　(4) 塩基

[考え方] ブレンステッド・ローリーの定義では，水素イオン H^+ を与える物質が酸，H^+ を受けとる物質が塩基である。

3

(1) $4 \times 10^{-3}\,\mathrm{mol/L}$　(2) $2.0 \times 10^{-13}\,\mathrm{mol/L}$
(3) $1.3 \times 10^{-3}\,\mathrm{mol/L}$　(4) $1.0 \times 10^{-11}\,\mathrm{mol/L}$

[考え方] $K_w = [H^+] \times [OH^-]$
$= 1.0 \times 10^{-14}\,(\mathrm{mol/L})^2$

(1) 硫酸 H_2SO_4 は2価の強酸だから，

$[H^+] = 0.002\,\mathrm{mol/L} \times 2 = 0.004\,\mathrm{mol/L}$
$= 4 \times 10^{-3}\,\mathrm{mol/L}$

(2) 水酸化ナトリウム NaOH は1価の強塩基だから，$[OH^-] = 0.050\,\mathrm{mol/L}$

$[H^+] = \dfrac{K_w}{[OH^-]} = \dfrac{1.0 \times 10^{-14}\,(\mathrm{mol/L})^2}{0.050\,\mathrm{mol/L}}$
$= 2.0 \times 10^{-13}\,\mathrm{mol/L}$

(3) $[H^+] = 0.10\,\mathrm{mol/L} \times 0.013 = 1.3 \times 10^{-3}\,\mathrm{mol/L}$

(4) $[OH^-] = 0.10\,\mathrm{mol/L} \times 0.010 = 1.0 \times 10^{-3}\,\mathrm{mol/L}$

$[H^+] = \dfrac{K_w}{[OH^-]} = \dfrac{1.0 \times 10^{-14}\,(\mathrm{mol/L})^2}{1.0 \times 10^{-3}\,\mathrm{mol/L}}$
$= 1.0 \times 10^{-11}\,\mathrm{mol/L}$

4

B, C, A, D, E

[考え方] 水素イオン濃度[H⁺]が大きい水溶液ほど酸性が強い。
A…$[H^+] = 0.005\,\text{mol/L} = 5 \times 10^{-3}\,\text{mol/L}$
B…pH = 1.0 より，$[H^+] = 1 \times 10^{-1}\,\text{mol/L}$
C…$[H^+] = \dfrac{K_w}{[OH^-]} = \dfrac{1 \times 10^{-14}\,\text{mol/L}}{1 \times 10^{-12}\,\text{mol/L}}$
   $= 1 \times 10^{-2}\,\text{mol/L}$
D…$[H^+] = 0.001\,\text{mol/L} \times 2 = 2 \times 10^{-3}\,\text{mol/L}$
E…$[H^+] = 0.1\,\text{mol/L} \times 0.01 = 1 \times 10^{-3}\,\text{mol/L}$

5

(1) ◯ (2) × (3) × (4) ◯
(5) × (6) ◯ (7) ×

[考え方] (2) 酸を薄めるとpHが7に近づくが，7になったり（中性），7より大きくなったり（塩基性）することはない。
(3) 中和における量的関係では，酸・塩基の強弱は関係ない。**酸が出した水素イオンH^+の物質量と塩基が出した水酸化物イオンOH^-の物質量が等しくなった点**が中和点である。
(4) 塩化アンモニウムNH_4Clは，強酸である塩化水素HClと弱塩基であるアンモニアNH_3からなる塩である。したがって，**塩の加水分解により，水溶液は酸性を示す。**
$NH_4Cl + H_2O \longrightarrow NH_3 + H_3O^+ + Cl^-$
(7) 硫酸は2価の強酸なので，
  $[H^+] = 0.01\,\text{mol/L} \times 2 = 0.02\,\text{mol/L}$
一方，塩酸は1価の強酸なので，
  $[H^+] = 0.01\,\text{mol/L} \times 1 = 0.01\,\text{mol/L}$
よって，pHは硫酸のほうが小さい。

6

(1) **2.0 mol/L** (2) **0.10 mol/L**
(3) **0.040 mol/L**

[考え方] (1) 混合液中の硫酸H_2SO_4の物質量は，
$1.0\,\text{mol/L} \times \dfrac{200}{1000}\,\text{L} + 4.0\,\text{mol/L} \times \dfrac{100}{1000}\,\text{L} = 0.60\,\text{mol}$
したがって，モル濃度は，
$\dfrac{0.60\,\text{mol}}{0.30\,\text{L}} = 2.0\,\text{mol/L}$
(2) アンモニアNH_3の物質量は，

$\dfrac{112 \times 10^{-3}\,\text{L}}{22.4\,\text{L/mol}} = 5.0 \times 10^{-3}\,\text{mol}$
したがって，モル濃度は，
$\dfrac{5.0 \times 10^{-3}\,\text{mol}}{50 \times 10^{-3}\,\text{L}} = 0.10\,\text{mol/L}$
(3) 体積が25倍になると，モル濃度は$\dfrac{1}{25}$になる。

7

(1) エ (2) イ (3) カ

[考え方] 滴定前と滴定後の溶液のpHに着目する。

8

(1) **$2.00 \times 10^{-1}\,\text{mol/L}$** (2) **0.250 mol/L**

[考え方] (1) シュウ酸二水和物$(COOH)_2 \cdot 2H_2O$のモル質量は126 g/molなので，シュウ酸水溶液のモル濃度は，
$\dfrac{2.52\,\text{g}}{126\,\text{g/mol}} \times \dfrac{1000}{100}\,\text{/L} = 2.00 \times 10^{-1}\,\text{mol/L}$
(2) 水酸化ナトリウム$NaOH$水溶液のモル濃度をx〔mol/L〕とすると，$(COOH)_2$は2価の酸，$NaOH$は1価の塩基であるから，
$2 \times 2.00 \times 10^{-1}\,\text{mol/L} \times \dfrac{10.0}{1000}\,\text{L}$
$= 1 \times x\,\text{〔mol/L〕} \times \dfrac{16.0}{1000}\,\text{L}$
$x = 0.250\,\text{mol/L}$

9

(1) A…ア，ホールピペット
   B…オ，メスフラスコ
   C…ウ，コニカルビーカー
   D…エ，ビュレット
(2) **0.70 mol/L** (3) **4.2 %**

[考え方] (2) もとの食酢中の酢酸CH_3COOHのモル濃度をx〔mol/L〕とすると，CH_3COOHは1価の酸，水酸化ナトリウム$NaOH$は1価の塩基であるから，
$1 \times \dfrac{x}{10}\,\text{〔mol/L〕} \times \dfrac{10.0}{1000}\,\text{L}$
$= 1 \times 0.10\,\text{mol/L} \times \dfrac{7.0}{1000}\,\text{L}$

$x = 0.70\,\mathrm{mol/L}$

(3) 食酢1L中に含まれるCH_3COOHの質量は，
$60\,\mathrm{g/mol} \times 0.70\,\mathrm{mol} = 42\,\mathrm{g}$
また，食酢1L（$= 1000\,\mathrm{cm}^3$）の質量は，
$1.0\,\mathrm{g/cm}^3 \times 1000\,\mathrm{cm}^3 = 1.0 \times 10^3\,\mathrm{g}$
よって，質量パーセント濃度は，
$\dfrac{42\,\mathrm{g}}{1.0 \times 10^3\,\mathrm{g}} \times 100 = 4.2\,(\%)$

❿

(1) 塩基性，ウ　(2) 中性，ア
(3) 塩基性，ウ　(4) 塩基性，ウ
(5) 酸性，イ　　(6) 酸性，イ
(7) 酸性，イ　　(8) 中性，ア

3章 酸化還元反応 …………… p.126

❶

(1) ○　(2) より還元されて　(3) 減少する
(4) ○　(5) も，必ず0になる。

❷

(1) +7　(2) +7　(3) -1　(4) +6
(5) -3　(6) +6　(7) +6　(8) +5
(9) 0

考え方　化合物中では，**水素Hの酸化数を+1，酸素Oの酸化数を-2** として，構成原子の酸化数の総和を0とおく。イオンの場合は，酸化数の総和がイオンの電荷と等しくなる。
(3) 過酸化物中の酸素Oの酸化数は-1である。

❸

ア…I^-，$-1 \to 0$
ウ…Fe^{2+}，$+2 \to +3$
オ…Cu，$0 \to +2$

考え方　**単体が関係する反応は，酸化還元反応であると判断してよい。**

❹

(1) エ　(2) ① Cl_2　② H_2S

考え方　(1) Cl原子の酸化数の変化は$0 \to -1$，S原子の酸化数の変化は$-2 \to 0$なので，1原子あたりの酸化数の変化量は異なる。ただし，Cl原子は2個，S原子は1個なので，**反応全体では，酸化数の増加量の総和と減少量の総和は等しい。**
(2) **酸化剤**は，相手の物質を酸化する（自身は還元され，酸化数が減少する）物質である。一方，**還元剤**は，相手の物質を還元する（自身は酸化され，酸化数が増加する）物質である。

❺

$5.0 \times 10^{-3}\,\mathrm{mol}$

考え方　半反応式の係数から，過不足なく反応する過マンガン酸イオンMnO_4^-と鉄(Ⅱ)イオンFe^{2+}の物質量の比は1:5である。
MnO_4^-の物質量は，
$0.10\,\mathrm{mol/L} \times \dfrac{10}{1000}\,\mathrm{L} = 1.0 \times 10^{-3}\,\mathrm{mol}$
したがって，Fe^{2+}の物質量は，
$1.0 \times 10^{-3}\,\mathrm{mol} \times 5 = 5.0 \times 10^{-3}\,\mathrm{mol}$

❻

(1) $2KMnO_4 + 3H_2SO_4 + 5(COOH)_2$
　　$\longrightarrow 2MnSO_4 + 10CO_2 + 8H_2O + K_2SO_4$
(2) 20 mL　(3) $5.0 \times 10^{-3}\,\mathrm{mol}$

考え方　(1) それぞれの半反応式は次の通り。
$MnO_4^- + 8H^+ + 5e^- \longrightarrow Mn^{2+} + 4H_2O$ ……①
$(COOH)_2 \longrightarrow 2CO_2 + 2H^+ + 2e^-$ ………②
①式×2+②式×5より，電子e^-を消去すると，
$2MnO_4^- + 6H^+ + 5(COOH)_2$
　　$\longrightarrow 2Mn^{2+} + 10CO_2 + 8H_2O$
両辺に$2K^+$と$3SO_4^{2-}$を加えると，解答に示した化学反応式が得られる。

(2) 必要な過マンガン酸カリウム $KMnO_4$ 水溶液を x〔mL〕とすると，
$KMnO_4 : (COOH)_2 = 2 : 5$ より，
$0.020 \text{ mol/L} \times \dfrac{x}{1000} \text{ L} : 0.10 \text{ mol/L} \times \dfrac{10}{1000} \text{ L} = 2 : 5$
$x = 20 \text{ mL}$

(3) 必要なシュウ酸二水和物の結晶を x〔mol〕とすると，
$0.020 \text{ mol/L} \times \dfrac{100}{1000} \text{ L} : x \text{〔mol〕} = 2 : 5$
$x = 5.0 \times 10^{-3} \text{ mol}$

❼

A…Au　B…Na　C…Mg　D…Ag
E…Zn　F…Cu

考え方　① 常温の水と反応することからBはナトリウムNaであり，熱水と反応することからCはマグネシウムMgである。
② Eは酸と反応するので，水素H_2よりイオン化傾向が大きい亜鉛Znである。また，DとFは酸化力が強い酸と反応するので，銅Cuか銀Agである。Aは酸化力が強い酸とも反応しないので，金Auである。
③ $D^+ + F \longrightarrow D + F^+$ の反応が起こっているので，イオン化傾向はF＞Dである。

❽

イ，オ

考え方　ア…イオン化傾向はH_2＞Cuである。
ウ…銀は空気中では酸化されない。
エ…イオン化傾向はPb＞Cuであり，反応しない。
カ…水と反応する金属は，酸とはより激しく反応する。

❾

イ，ウ

考え方　イ…2.0Vの起電力が1.8Vになるまでに充電しなければならない。

ウ…次の反応が起こり，電解液の硫酸H_2SO_4の密度(濃度)は大きくなる。
$2PbSO_4 + 2H_2O \longrightarrow Pb + PbO_2 + 2H_2SO_4$

❿

(1) D…硫酸亜鉛水溶液
　　E…硫酸銅(Ⅱ)水溶液
(2) $A \rightarrow B \rightarrow C$
(3) 亜鉛板…$Zn \longrightarrow Zn^{2+} + 2e^-$
　　銅板……$Cu^{2+} + 2e^- \longrightarrow Cu$
　　全体……$Zn + Cu^{2+} \longrightarrow Zn^{2+} + Cu$
(4) 内側から外側…SO_4^{2-}
　　外側から内側…Zn^{2+}
(5) Dの電解液を薄くし，Eの電解液は濃くする。

考え方　(5)〔Zn^{2+}〕が小さいほど負極の反応が進みやすく，〔Cu^{2+}〕が大きいほど正極の反応が進みやすい。

⓫

(1) 4.8×10^3C　　(2) 1.6g　　(3) 0.56L

考え方　(1) 電気量〔C〕＝電流〔A〕×時間〔s〕
$= 1.0 \text{ A} \times (80 \times 60 + 25) \text{〔s〕}$
$= 4825 \text{ C} \fallingdotseq 4.8 \times 10^3 \text{ C}$

(2) 陰極：$Cu^{2+} + 2e^- \longrightarrow Cu$
流れた電子e^-の物質量は，
$\dfrac{4825 \text{ C}}{9.65 \times 10^4 \text{ C/mol}} = 0.050 \text{ mol}$
よって，析出した銅Cuの質量は，
$64 \text{ g/mol} \times \left(0.050 \times \dfrac{1}{2}\right) \text{〔mol〕} = 1.6 \text{ g}$

(3) 陽極：$2Cl^- \longrightarrow Cl_2 + 2e^-$
発生した塩素Cl_2の体積は，
$22.4 \text{ L/mol} \times \left(0.050 \times \dfrac{1}{2}\right) \text{〔mol〕} = 0.56 \text{ L}$

■ホッとタイムの解答
p.36・37　A

さくいん

●色数字は中心的に説明してあるページを示す。

英字

- DDT･････････････････9
- K殻･････････････････26
- L殻･････････････････26
- mol････････････････68
- M殻････････････････26
- N殻････････････････26
- Pa･････････････････17
- pH･･････････････92,101
- pH試験紙･･････････93
- pH指示薬･････････93
- pHジャンプ･･････100
- pHメーター･････････93

あ

- アイソトープ･･･････25
- アスコルビン酸･････8,129
- 圧力･･････････････17
- アボガドロ･････････81
- アボガドロ数･･･････68
- アボガドロ定数･････68
- アボガドロの法則
  　　　　　　70,81,82
- アモルファス･･･････18
- アリストテレス･･････6
- アルカリ･･････････86
- アルカリ金属･･････28
- アルカリ性･･･････86
- アルカリ土類金属･･28
- アルカリマンガン乾電池
  　　　　　　　　116
- アルミニウム･･69,119
- アレニウスの定義･･87
- アンモニア･･49,75,87
- 硫黄･･････14,20,79
- イオン･･････････30
- イオン化エネルギー･32
- イオン化傾向･････112
- イオン化列･････112,113
- イオン結合･･･････38
- イオン結晶
  　　　　38,40,41,56,57
- イオン式･･････････31
- イオンの価数･･････31
- イオン半径･･･････33
- イオン反応式･･75,109
- 一次電池･･･････114
- 陰イオン･･････30,32
- 陰極･･････････118
- 陰性･････････････31
- 陰性元素････････29
- エタン････････････74
- 塩･･････････････96
- 塩化銀･･････････75
- 塩化ナトリウム････38
- 塩基･････････････86
- 塩基性･･･････86,91
- 塩基性塩･･････････96
- 塩基性酸化物･････96
- 塩基の価数･･･････88
- 鉛樹･････････････112
- 炎色反応････････15
- 延性･････････････52
- 塩素････････12,15,66
- 塩の加水分解･････96
- 王水･･････････113,128
- 黄リン････････････14
- オキソ酸････････86
- オキソニウムイオン･･86
- オクテット････････27
- オゾン･･･････････14

か

- カーボンナノチューブ･･14
- 界面活性剤･････････8
- 化学結合･･････････38
- 化学式････････････44
- 化学電池･･･････114
- 化学反応････････19
- 化学反応式･･･74,76
- 化学変化････････19
- 拡散･･･････････16
- 化合･･･････････19
- 化合物････････12,13
- 過酸化水素･････110
- 過充電･･･････････117
- 活物質････････114
- 価電子･････27,42,52
- 価標･････････････44
- 過マンガン酸塩滴定･･111
- 過マンガン酸カリウム
  　　　　109,110,111
- ガラス･････････････6
- 環境リスク･････････9
- 還元･･･････････7,106
- 還元剤･･････108,109
- 希ガス････････27,28
- 気体反応の法則･････81
- 起電力･･････114,115
- 強塩基･･･････････89
- 凝固･････････････19
- 凝固点･･････････19
- 凝固熱･･･････････19
- 強酸･････････････89
- 凝縮･････････････19
- 凝縮熱････････19
- 共有結合･･････････43
- 共有結合の結晶･･･46,56
- 共有電子対･･････43
- 極性分子････････49
- 金････････････12
- 銀････････････12
- 銀樹････････････112
- 金属･･････････････6
- 金属結合･････52,53,56
- 金属結晶･･････53,54
- 金属元素･･････29
- 金属光沢･･･････53
- 金属の製錬･･････7
- クーロン･････････120
- クーロン力･･････38,40
- グラファイト･････14,46
- クロマトグラフィー･･11
- ゲーリュサック････81
- 結晶･････････････18
- 結晶格子･･････41,53
- ケルビン･･･････17
- 原子･･･････････24,80
- 原子価･･････････44
- 原子核･････････24
- 原子説･･･････6,80
- 原子番号････････25
- 原子量･････････66
- 元素･･･････････6,12
- 元素記号････････12
- 元素の周期律･････28
- 元素の分布･･････13
- 鋼････････････････7
- 合金････････････53
- 合成樹脂･･････････7
- 合成洗剤････････8
- 鉱石････････････7
- 構造式････････44
- 氷の結晶構造･････51
- 黒鉛････････14,46
- コニカルビーカー･･99
- ゴム状硫黄･･･14,20
- 混合物･････････10,13

さ

- 最外殻電子･･･26,42
- 再結晶･･････････11
- 最密構造････････55
- 錯イオン･･････47,58
- 酢酸･････････････88
- 酸････････････86
- 酸塩基指示薬････93
- 酸化･･････････106
- 酸化還元滴定･･･111
- 酸化還元反応･106,129
- 酸化還元反応式･･109
- 酸化剤･････108,109,122
- 酸化数････････107
- 三重結合･･････44
- 酸性･･･････86,91
- 酸性塩････････96
- 酸性酸化物････96
- 酸素･･･････12,14,43
- 酸の価数･････88
- 式量････････67
- 四元素説･････････6
- 実用電池･･････116